AF666072

Papier aus verantwortungsvollen Quellen
Paper from responsible sources
FSC® C105338

Where do we come from?

Diese Frage steht auch auf meiner Astronomie *Homepage:*

https://www.robani.ch/

Es ist eine der ganz grossen Fragen, welche die Menschheit sich seit langem stellt und die auch mich je länger je mehr interessiert:

Woher kommen wir? (*Where do we come from?*)

Wohin gehen wir? (*Where do we go to?*)

Ich habe deshalb diese grossen Fragen auch im Titel meines Buches vorangestellt, in welchem ich beschreiben möchte, weshalb und wie ich zu meinem Hobby der Astronomie gekommen bin, welches mich vor allem in den vergangenen zehn Jahren immer mehr begeisterte.

Das ist dabei auch zu einer richtigen Leidenschaft geworden, die mich dazu antreibt, oft nächtelang den Sternenhimmel zu betrachten, wobei man dabei noch sehr viel mehr als nur Mond und Sterne zu sehen bekommt, wenn man sich dafür eine entsprechende Ausrüstung anschafft.

Aber dazu später....

Zum Autor

Der Autor hat schon im Alter von 8-10 Jahren angefangen sich für die vielen hellen Punkte dort oben am Nachthimmel über dem kleinen Bauernweiler Riggenschwil zu interessieren und hat mit dem alten Feldstecher seines Urgrossvaters versucht, sie grösser zu sehen.

So richtig interessant wurde es dann mit 10 bis 13 Jahren, als sein Freund Ernst damit begonnen hatte, ihm die ersten Sternbilder zu erklären und sie zu benennen, damit man sich am Himmel besser orientieren kann. Bis spät in die Nacht hinein sassen die zwei oben in der alten Scheune gegenüber dem Elternhaus des Autors und starrten von der offenen oberen Tenne hinauf zum Grossen Wagen und der Kassiopeia, um dazwischen den Polarstern ausfindig zu machen.

Später als Schule und Ausbildung immer wichtiger wurden, war dafür irgendwie keine Zeit mehr. So geriet dieses anfänglich grosse Interesse mit den Jahren wieder in Vergessenheit bis....

.... im Fernsehen irgendwann eine wissenschaftliche Serie gezeigt wurde, die sich mit dem Sonnensystem und dem Universum befasste. Als der Autor davon einem Freund erzählte, gab der ihm den guten Tipp, dass man vom *Internet* völlig kostenlos ein Planetarium für den PC herunterladen könne, *Stellarium* genannt.

Damit hat dann alles wieder angefangen.

Inzwischen hat der Autor eigene Teleskope und Kameras dazu, um nebst Beobachtungen auch Astrofotografie zu betreiben. Seit zehn Jahren betreibt er nun dieses Hobby aktiv. Er ist Mitglied bei drei Sternwarten in der Ostschweiz und präsentiert seine Arbeiten auf der eigenen *Homepage*.

https://www.robani.ch/

Rolf Baldegger

Where do we come from?

Where do we go to?

Mein Weg zur Astronomie

Vom Hobby zur Leidenschaft

Impressum

Bild des Bucheinbandes:

Zentrale Region der Milchstrasse
Aufnahme: Hubble Space Telescope NASA

Astrofotografie:

Die Original Astrofotos vom Mond und den Planeten Saturn und Jupiter im Buch sind meine eigenen Aufnahmen. © Rolf Baldegger

Bibliografische Information der Deutschen Nationalbibliothek:
Die Deutsche Nationalbibliothek verzeichnet diese Publikation in der Deutschen Nationalbibliografie; detaillierte bibliografische Daten sind im Internet über http://dnb.dnb.de abrufbar.

Dritte leicht überarbeitete Auflage in Farbe

Herstellung und Verlag: BoD – Books on Demand, Norderstedt

ISBN: 978-3-7460-6234-1

Mein Weg zur Astronomie

Kapitel 1: Was ist da oben?

1961

Ich schaue hinauf in den Sternenhimmel auf dem Land. Es ist sehr dunkel hier. Der kleine Bauernweiler verfügt nur über ganz wenige schwache Strassenlaternen. Man stelle sich das vor, es gibt hier mehr Brunnen als Laternen. Übrigens, es gibt hier auch mehr Kühe als Einwohner. Es gibt auch nur wenige Leute hier, die keine Bauern sind. Ich bin einer der wenigen Jungs im Dorf, dessen Vater auswärts in der Industrie arbeitet.

Der ganze Himmel hier ist in klaren Nächten übersät mit Sternen und man kann die Milchstrasse sehen, die ich mir aber im Alter von acht Jahren noch nicht erklären kann. Mit einem alten schweren Jagdfeldstecker meines Urgrossvaters versuche ich die Sterne grösser zu sehen, ohne dass mir das so richtig gelingen will. Sie werden nur heller, bleiben aber trotzdem immer leicht unscharf und sind nicht glänzende Kugeln, wie ich erhofft hatte, denn dass Sterne grosse Zacken haben sollen, wie in den Kinderbüchern, kann ich nicht erkennen. Den Mond kann ich aber damit viel grösser sehen und bin erstaunt darüber, wie viele Krater er hat, obwohl ich natürlich damals noch nicht genau weiss, was das sind.

An den Mann im Mond glaube ich schon damals nicht mehr.

Der Russe Gagagrin umkreist als erster Mensch die Erde.

1962

Ein Schulkollege hat ein ganz interessantes Buch, das er mir netterweise ausgeliehen hat. Es heisst 'Helveticus'. Das ist so was wie ein universelles Nachschlagewerk für neugierige Schweizer Kinder. Da drin finde ich Zeichnungen vom Mond, auf welchen viele Krater und sogenannte 'Mare' beschrieben sind. Allerdings kann ich mir unter diesen seltsamen Meeren zu der Zeit noch nichts Konkretes vorstellen. Aber immerhin, es sieht alles sehr interessant aus. Damals gehöre ich noch zu denen, die glauben, dass der Mond selbst leuchtet.

Was ich bei Sternen erkennen kann ist, dass es unterschiedlich helle in etwas unterschiedlichen Farben gibt, alle grundsätzlich weiss, aber mit Gelb- und Blau- oder Rottönen. Einige scheinen in meinen Augen auch leicht zu flackern. Ich kann mir aber das noch nicht erklären. Es gibt dort auch welche, die nicht ganz rund scheinen. Und dann sind da auch die kurz aufblitzenden Sternschnuppen, von denen meine Mutter behauptet, dass wenn man eine sieht, man sich etwas wünschen darf. Man darf es aber niemanden sagen, weil sonst der Wunsch nicht in Erfüllung geht. 'Ja aber dann nützt es doch auch nichts, wenn keiner weiss was ich mir wünsche', denke ich mir dabei.

Im schlauen Buch 'Helveticus' ist auch dieses milchige Band, das sich über den Nachthimmel erstreckt, beschrieben. Es soll die 'Milchstrasse' sein. Dabei fällt mir auf, dass das wirklich irgendwie so aussieht wie damals, als der Bauer Näf eine ganze Transportkanne Milch auf der Strasse verschüttet hatte.

Ich stelle unter anderem fest, dass der Nachthimmel nicht immer genau gleich ausschaut. Das mit dem veränderlichen Mond hat mir mein Urgrossvater erklärt und auch in der Schule war das irgendwann ein Thema, wann der Mond zunehmend oder abnehmend ist, wann Vollmond oder Leermond ist. Doch warum sind Sterne und Mond nicht immer am gleichen Ort?

John Glenn macht einen 5-stündigen Flug in der 'Mercury' Kapsel.

1963

Warum die Sterne nicht immer am gleichen Ort sind erklärt mir später mein Freund Ernst. Er ist einige Jahre älter als ich und interessiert sich sehr für all das da oben. Er sagt: „Nur ein einziger Stern steht immer am genau gleichen Ort, der Polarstern." Wenn wir spät abends in der Nachbarscheune auf die obere Tenne klettern, die unter dem Dachgiebel weit offen ist, kann man einen grossen Ausschnitt des Sternenhimmels in Richtung Westen und Norden sehen. Er spricht vom Grossen Bären und vom Kleinen Bären, auch vom Grossen Wagen und von einer Kassiopeia. Die hellen Sterne, die beieinander stehen seien Sternbilder, erklärt er mir. Damit könne man sich am Nachthimmel orientieren, weil sich dort oben alles dreht. Ich, als neugieriger Bub, will natürlich wissen, weshalb sich das alles dreht und warum ausgerechnet dieser Polarstern nicht. Ganz erstaunt bin ich allerdings, als Ernst sagt, dass sich nicht der Himmel, sondern die Erde dreht. Er erzählt dann auch was von einer Erdachse, und dass die genau zu diesem Polarstern zeigt. Das sei übrigens der Grund, weshalb nur der immer an der gleichen Stelle am Himmel stehe. Das alles muss ich erst mal verdauen. Ernst erklärt mir geduldig in jeder Nacht, wenn wir oben in der Tenne sitzen, wie das Ganze funktioniert. Dabei zeigt er mir auch einen Weg, wie man am Nachthimmel diesen Polarstern am besten finden kann. Jetzt kommen wieder der Grosse Wagen und diese Kassiopeia ins Spiel. So zeigt er mir, wie man diesen hellen ruhenden Stern etwa in der Mitte zwischen diesen beiden Sternbildern findet. Dazu beschreibt er die Form des Grossen Wagens mit seiner langen Deichsel und die Kassiopeia, die wie ein grosses W ausschaut. Und dann erzählt er mir auch noch von einem Kleinen Wagen an dessen Deichselspitze eben dieser ziemlich helle Polarstern steht, um den sich alles dreht. Er weiss auch, dass der Mond nicht selbst leuchtet, sondern von der Sonne angestrahlt wird. Nachts??

Ganz schön kompliziert, alles das....

Die Russin Walentina Tereschkowa fliegt mit 'Wostok 6' als erste Frau in den Weltraum.

1964

Mit der Zeit zeigt er mir auch noch einige andere Sternbilder, die auffällig und gut zu finden sind. So etwa den Orion, die Plejaden oder die Sterne 'Castor' und 'Pollux'.

„Es sind nicht alle hellen Punkte da oben Sterne“, erklärt Ernst mir eines Nachts. „Was denn?“, will ich sogleich wissen. „Planeten“, sagt er. 'Was ist das denn nun wieder?', denke ich mir. Dann erzählt er einem staunenden elfjährigen Jungen, dass es grosse kugelförmige Welten wie unsere Erde gibt, die ebenfalls um die Sonne kreisen. 'Was heisst da um die Sonne kreisen? Die sieht man nachts ja gar nicht? Wie soll das bloss funktionieren?', rätsle ich.

So lerne ich zum ersten Mal etwas über die Planeten Merkur, Mars, Venus, Jupiter und Saturn. Allerdings, sie auf Anhieb am Nachthimmel zu finden, sei nicht so einfach, meint Ernst, weil die sich ja immer auch um die Sonne drehen und das noch unterschiedlich schnell. Deshalb sind sie auch nicht immer zu sehen.

Zu der Zeit haben wir noch nicht die notwendigen Mittel, deren Positionen abhängig von Datum und Uhrzeit zu bestimmen.

Was für eine mühsame Sucherei....

Mein Freund Ernst zeigt mir ein Buch, in welchem Sternkarten abgebildet sind. Auf denen kann man genau sehen, um welche Jahreszeit welche Sternbilder und welche Planeten in welcher Himmelsrichtung zu sehen sind. Da drin sind auch noch die anderen Planeten beschrieben, nämlich Uranus, Neptun und Pluto *, die man allerdings ohne Teleskop nicht erkennen kann.

* Pluto war zu der Zeit noch als Planet anerkannt.

Die amerikanische Raumsonde 'Mariner' fliegt am Mars vorbei.
KPNO 2,1 m Teleskop auf dem Kitt Peak, Arizona, USA.

1965

Ich muss viel lernen und mich auf die Aufnahmeprüfung für die Sekundarschule vorbereiten, die ich unbedingt absolvieren möchte. Dadurch bleibt wenig Zeit, sich die Nächte um die Ohren zu schlagen und nach Sternen und Planeten zu gucken.

Zudem habe ich ein neues Hobby, das mich sehr beschäftigt. Ich interessiere mich schon seit längerem für die Elektronik. Nach ersten Übungen mit 'Kosmos Radiomann' und 'Philips EE20' Baukästen, habe ich mir einen Radioempfänger für den Amateurfunk gebaut und horche so als HE9GZK stundenlang in den Äther, um Amateurfunkern aus aller Welt zuzuhören. Mehrere riesige gespannte Dipol-Antennen zieren nun unser Haus und die umliegenden Bäume, was nicht alle Nachbarn erfreut. Einer behauptet sogar, ich störe das Fernsehprogramm.

So gerät die Astronomie mehr und mehr in Vergessenheit, zumal mein etwas älterer Freund nun in der Lehre ist und deshalb auch keine Zeit mehr für mich hat.

Erster bemannter Flug einer 'Gemini' Raumkapsel.
1.55 m 'Kuiper' Teleskop auf Steward Observatory, Arizona, USA.

1966

Das Thema Planeten taucht nur noch im Erdkundeunterricht in der Sekundarschule auf. Ich interessiere mich nun immer mehr für die Elektronik und bin fest entschlossen nach der Schule eine Lehre als Elektroniker zu beginnen.

Ich sitze oft stundenlang bei unserem Bekannten im Dorf, der ein richtiger Amateurfunker ist (HB9AJA) und lerne bei ihm sehr viel über die Grundlagen der Elektronik. Er schenkt mir auch viele Ausgaben der damaligen Zeitschrift 'Hobby', die sich mit allem befasst, was mit Technik und Fortschritt zu tun hat.

Darin sind oft auch Berichte über die Vorstellungen von Leuten, die sich Gedanken darüber machen, was in Zukunft wie gelöst werden könnte. Vieles dabei erinnert etwas an Sciencefiction. Zum Beispiel, wie man zum Mond oder zu anderen Planeten fliegen könnte und wie diese fernen Welten besiedelt werden könnten.

Sepp, der Amateurfunker, erklärt mir auch, wie man was in der Elektronik berechnen kann und zeigt mir, wie man Schaltpläne liest und auch wie man sie zeichnet mit all diesen speziellen Symbolen für Batterien, Schalter Widerstände, Kondensatoren, Transformatoren, Gleichrichter, Radioröhren und Transistoren.

Die russische Raumsonde 'Luna 9' landet weich auf dem Mond. Es ist die erste erfolgreiche Landung ausserhalb der Erde.

1967

In mir festigt sich der Wunsch einen Beruf in der Elektronik zu erlernen, anstatt Fotograf zu werden und nach dem Wunsch meines Vaters später in sein Fotogeschäft einzusteigen.

Fünf amerikanische 'Surveyor' Sonden landen auf dem Mond.
'Isaac Newton' Teleskop auf dem Roque de los Muchachos, La Palma.

1969

Mein Berufswunsch ist tatsächlich in Erfüllung gegangen.

Ich beginne eine Lehre bei Philips AG in Zürich als FEAM (Fernmelde- und Elektronikapparatemonteur). Dazu fahre ich frühmorgens jeden Arbeitstag mit dem Zug nach Zürich und komme erst am späten Abend nach Hause. Dabei bleibt keine Zeit mehr zum 'Sternegucken', denn ich muss viel lernen und verbringe am Wochenende die meiste Zeit in meinem eigenen kleinen Elektroniklabor zuhause in der 'Nebenstube'.

Kapitel 2: Die Zeit vergeht

1969

Die Amerikaner landen als erste auf dem Mond!

So habe ich die erste Mondlandung erlebt:

Wir haben uns dieses Ereignis mitten in der Nacht zuhause im Kreise der Familie auf unserem ersten Fernsehgerät angeschaut. Die Sondersendung wurde von Bruno Stanek mit grossem Fachwissen kommentiert und wir waren alle total begeistert und hielten fast den Atem an, als der 'Adler' erfolgreich auf der Mondoberfläche aufsetzte und Neil Armstrong nach einer, für uns ewig scheinenden Zeit, endlich seinen Fuss auf den Mond setzte und die legendären Worte sprach: *„This is a small step for man, but a giant leap for mankind."*

Das schwarz/weiss Bild war zwar etwas dunkel und sehr schummerig, aber spät nachts spielte das ja keine Rolle. Der alte 'Flimmerkasten' musste jeweils mindestens eine Viertelstunde vor Beginn einer Sendung eingeschaltet werden, damit sich das Bild langsam so erhellte, dass man überhaupt etwas sehen konnte.

Dass wir überhaupt einen Fernseher hatten, verdankten meine Eltern meiner Neugier auf alles, was mit Elektronik zu tun hatte, denn ich war bereits mit vierzehn Jahren ein begeisterter Elektronik-Bastler.

1967 (Rückblick)

Mein Vater wollte nie einen Fernseher haben und schlug jede Bitte diesbezüglich mit den Worten aus: „Mir kommt kein solcher 'Affenkasten' ins Haus!"

Als ich dann von einem Sekundarschulkollegen für nur fünf Franken einen defekten Fernseher kaufte und das schwere Teil mit dem alten Handkarren nach Hause brachte, um es auszuschlachten, war er auch nicht besonders erfreut, musste er mir doch helfen, diese schwere Nussbaumholzkiste die schmale Treppe hoch auf mein Bubenzimmer zu schleppen.

Dort habe ich das vermeintlich defekte Gerät natürlich zuerst einmal mutig an der Steckdose eingesteckt und eingeschaltet. Nach einer Weile wurde es immer heller auf der bauchigen schweren Bildröhre, aber es war nur 'Schnee' zu sehen, wie man damals das Bildrauschen nannte, und auch der Lautsprecher rauschte nur leise. Mir war schon damals klar, dass Radios und Fernseher eine Antenne brauchen und weil mein Kollege mir noch ein sogenanntes 'Fiderkabel' mitgegeben hatte, bastelte ich mir daraus eine Schleifenantenne und steckte sie ein. Nun waren verschieden helle schräg verlaufende, verzerrte Streifen zu sehen und ich konnte den Ton einer Schweizer TV Sendung hören. Ich war total begeistert und das weckte meinen Bastler-Instinkt. Sofort hatte ich den Entschluss gefasst, das Ding nicht zu zerlegen, sondern zu reparieren, obwohl ich keine Pläne davon hatte. Von meinem Freund dem Amateurfunker wusste ich, dass man manchmal nur sanft auf die damals noch verwendeten Radioröhren klopfen musste, um Wackelkontakte an deren Sockeln zu finden und so zu beheben.

Also öffnete ich die Rückseite und klopfte bei laufendem Gerät auf all die gläsernen, rötlich leuchtenden Radioröhren, bis ein plötzlicher gewaltiger Schlag mich in die hintere Ecke meines Bubenzimmers warf. Als ich mich wieder erholt hatte, schaute ich auf den immer noch laufenden Fernsehkasten und traute meinen Augen nicht, da war nun ein stabiles Bild zu sehen.

Ich lief begeistert zu meinem Vater und triumphierte: „Wir haben Schweizer-Fernsehen!"

Von diesem Tag an war es nichts mehr mit „ich will keinen 'Affenkasten' im Haus", denn nun war er es, der immer die Schweizer Tagesschau sehen wollte. Durch diesen glücklichen Zufall, zwei Jahre zuvor, waren wir nun in der Lage wenigstens das Schweizer TV Programm zu empfangen und der Fernseher wurde von meinem Zimmer in die 'Nebenstube' gebracht, wo die ganze Familie fernsehen konnte. So war es uns möglich, die erste Mondlandung 1969 live mitzuerleben.

Das Verkehrshaus im Luzern hat das erste Planetarium in der Schweiz eröffnet, 20 Tage vor der Mondlandung.

2.7 m 'Harlan Smith' Teleskop McDonald Observatory, Texas, USA.

1973

Mein Berufsausbildung ist beendet.

Ich beende meine Lehre bei Philips AG in Zürich als FEAM (Fernmelde- und Elektronikapparatemonteur), die ich nach vierjähriger Lehrzeit erfolgreich abschliesse und wechsele in eine Halbleiterfirma, wo ich im Entwicklungslabor für die Messautomaten arbeite. In diesen Jahren habe ich kaum Zeit für andere Hobbys, ausser natürlich für meine grosse Passion die Elektronik.

'Skylab' wird von den Amerikanern mit einer 'Saturn V' Rakete in eine Umlaufbahn gebracht.

1974

Ich wechsle den Arbeitgeber und arbeite nun bei Bühler AG im benachbarten Uzwil. So habe ich endlich mehr Zeit für meine Hobbys.

Nach mehreren Fehlstarts wird das Projekt der gewaltigen N1-Rakete eingestellt und das bemannte sowjetische Mondprogramm beendet.

1976

Es kommt ein neues Hobby dazu, das mich mit noch mehr Leidenschaft erfüllt. Ich beginne mit dem Segelsport und mache zusammen mit meiner Freundin die Segelschule am Bodensee.

Die amerikanische Raumsonde 'Viking' landet erfolgreich auf dem Mars.

4.0 m 'Victor M. Blanco' Teleskop auf Cerro Tololo Inter-American Observatory, Chile.

1977

Mein grösster Traum geht in Erfüllung. Ich kaufe mir eine eigene kleine Segelyacht mit vier Schlafplätzen und trete dem Yachtclub bei. Nun liegt mein Boot im Hafen in Romanshorn und ich verbringe viel Zeit mit Freunden auf dem Bodensee.

Damit bin ich öfters auch mal nachts auf dem See unterwegs und geniesse die einzigartige Ruhe unter dem Sternenhimmel, der durch die vielen Lichter am entfernten Ufer gesäumt wird.

Die amerikanischen Raumsonden 'Voyager I' und ihre Schwester 'Voyager II' starten zu ihren Missionen ins All.

1979

Durch meine Teilnahme an Segelregatten auf traditionellen Yachten lerne ich erfahrene Segler kennen, die auch über entsprechende Beziehungen zu Hochseeseglern verfügen oder selbst schon auf den Weltmeeren gesegelt sind.

So erfahre ich, dass der Eigner eines grossen alten Zweimasters eine Mannschaft sucht, die seine Yacht 'Hand für Koje' über den Atlantik in die Karibik segelt.

Erstflug der europäischen Trägerrakete 'Ariane'.

1980

Im Spätherbst bekomme ich die einmalige Chance, den Atlantik auf dieser grossen Segelyacht zu überqueren. Ich bin Mitglied einer neunköpfigen Mannschaft und darf bei der Überführung dieses Zweimasters von Gibraltar nach Antigua mithelfen. Hier draussen auf dem offenen Ozean ist der Sternenhimmel in einer mondlosen Nacht absolut überwältigend. Nichts schränkt den weiten Horizont ein und es ist absolut dunkel. Ich habe noch nie in meinem bisherigen Leben mehr Sterne gesehen als hier. Wenn man allein am grossen Steuerrad sitzt und diese Pracht betrachtet, kommt man schon ein bisschen ins Philosophieren. Wenn man dann dabei auch noch den grünlich bis bläulich phosphoreszierenden Schleier des aufgewirbelten Planktons sieht, den das einsame Boot auf dem Wasser hinter sich herzieht, dann macht man sich schon so einige Gedanken über das Leben, wie es wohl auf diese Erde gekommen ist.

Meine erfahreneren Segelkameraden nutzen die Sternenpracht auch zur Navigation in der Nacht und bestimmen so mittels Sextanten und Astronavigation die aktuelle Position des Bootes. Dazu werden spezielle Navigationsbücher benutzt, sogenannte Annalen, in welchen jede Menge Tabellen enthalten sind, die es ermöglichen, aus dem Winkel der Sonne oder der Sterne zum Horizont, zeitgenau die Position auf dem Meer zu berechnen. Zu jener Zeit gibt es noch keine bezahlbare Satellitennavigation, *Handys* oder Computerprogramme, um immer genau zu wissen, wo auf der Erde man sich befindet. Wir nutzen deshalb jede Gelegenheit, über Funk nach der Position zu fragen, wenn wir ausnahmsweise mal einem Frachtschiff begegnen. Trotz traditioneller Navigation, nur mittels Sextant und dem Plotten, wie man die Aufzeichnungen des zurückgelegten Kurses auf der Seekarte bezeichnet, finden wir unser Ziel, die Insel Antigua, nach einem Monat auf hoher See auf Anhieb.

Dieses Abenteuer beeindruckt mich sehr und verändert auch ein bisschen meine bisherige Einstellung zum Leben durch mehr Ehrfurcht und Respekt vor den Kräften der Natur.

1990

Das 2.4 m Weltraumteleskop 'Hubble' wird von einem Space Shuttle in der Erdumlaufbahn ausgesetzt und nimmt seinen Betrieb auf.

Es umkreist die Erde in einer Höhe von 550 km jeweils alle 95 Minuten. Die ersten Bilder sind ein Schock, weil sie völlig unscharf sind. Alle Medien berichten darüber.

1993

Mit Hilfe des COSTAR-Spiegelsystems, das mit einer weiteren Space Shuttle Mission eingebaut wird, wird der Fehler im Hauptspiegel korrigiert.

An dieser Mission ist auch der Schweizer Astronaut Claude Nicolier beteiligt. Nun liefert das Weltraumteleskop absolut fantastische und nie dagewesene Bilder des Universums in den brillantesten Farben, und das bis heute (Stand 2021).

1995

Ich besuche zusammen mit meiner Frau die USA. Wir machen eine dreiwöchige Rundreise durch die Staaten Oregon, Idaho, Kalifornien und Washington. Dabei besuchen wir auch das OMSI ***O**regon **M**useum of **S**cience and **I**ndustry* in Portland. Dort werden unter anderen auch Raketentriebwerke, Raumkapseln und Satelliten ausgestellt. Eigentlich wollten wir dort auch die *Startreck* Ausstellung besuchen, weil meine Frau ein richtiger *Startreck* Fan ist, nur war diese Ausstellung zu dem Zeitpunkt leider schon vorbei. Stattdessen besichtigen wir das IMAX Theater, ein Kino mit Dom wie ein Planetarium und dazu noch ein echtes U-Boot, das im Kinofilm 'Jagd auf roter Oktober' benutzt wurde, um die U-Boot Szenen auf dem Meer zu filmen.

Die amerikanische Raumsonde 'Galileo' erreicht das Jupitersystem.

Kapitel 3: Planetarium

2009

In der Zeitung findet meine Frau ein Inserat des 'Mobilen Planetarium Zürich', welches eine Vorführung im Saal eines grossen Hotels in St. Gallen anbietet. Sie meint, das könnte mich eventuell interessieren, also gehen wir da hin.

Auf einer riesigen Leinwand mit einer Kombination aus vor- und rückseitiger Projektion werden unter fachkundiger Führung viele Sternbilder, unser Sonnensystem, Nebel und Galaxien gezeigt mit allerhand Erklärungen dazu.

Die Show, die dabei geboten wird, ist für uns beide dermassen beeindruckend, dass wir uns zwei noch vor Ort entschliessen Mitglieder bezugsweise Gönner des 'Fördervereins Mobiles Planetarium Zürich' zu werden. Wir bleiben auch einige Jahre Mitglieder bei diesem Verein.

Jetzt hat es mich voll erwischt und meine Neugier auf das, was da oben am Nachthimmel abgeht ist neu erwacht und lässt mir von nun an keine Ruhe mehr.

Der erste erfolgreiche Start einer 'Atea-1' der neuseeländischen Firma Rocket Lab Ltd. gelingt.

3.5 m Infrarot 'Herschel' Weltraumteleskop am Lagrangepunkt L2 1.5 Millionen km von der Erde auf der sonnenabgewandten Seite.

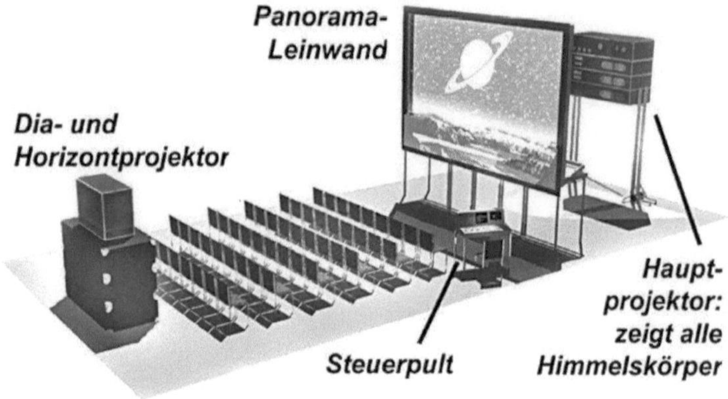

Bild 1: Mobiles Planetarium Zürich, Aufbau.

Vorführungen werden damit vor allem in Schulen mit Aula gemacht, aber auch in grossen Sälen von Hotels oder bei Firmenanlässen in dafür geeigneten grossen Räumen.

Es gibt davon auch eine Version 'Planetarium *light*', welches eine mit *Apple Notebook* und Spezialbeamer betriebene faszinierende Kompaktausführung des grösseren 'Mobilen Planetarium Zürich' ist. Damit sind auch Vorführungen im kleineren Rahmen und in kleinen Räumen möglich.

Es werden zusätzlich auch Astronomie-Kurse angeboten, wie:

- Orientierung am Himmel
- Teleskope
- Das Sonnensystem in Bewegung
- Kalender, Zeitabläufe

Zudem werden vom 'Förderverein Mobiles Planetarium Zürich' auch Mitgliederausflüge zu Sternwarten organisiert, welche ich auch gerne nutze.

Meine Frau und ich bleiben Mitglieder des 'Förderverein Mobiles Planetarium Zürich' bis 2012. Wir treten dann aus dem Verein aus, weil ich unterdessen Mitglied auf zwei Sternwarten wurde.

Kapitel 4: Stellarium

2010

Im ZDF Fernsehen wird eine fantastische Serie über unser Sonnensystem und das Universum gezeigt. Ich berichte einem meiner Freunde voller Begeisterung davon. Er verrät mir, dass es im *Internet* ein Planetarium-Programm zum kostenlosen Herunterladen gibt. Es heisst '*Stellarium*' und ermöglicht es am PC tausende von Objekten wie Sterne, Planeten, Nebel und Galaxien zu finden und zu vergrössern und mit prächtigen Bildern zu betrachten, die von grossen Teleskopen stammen und sogar auch mit solchen vom Weltraumteleskop 'Hubble' hinterlegt sind. Alle Sternbilder können eingeblendet werden.

Ich lade mir dieses fantastische Programm auf meinen grossen *Tower*-PC und es funktioniert tatsächlich wunderbar. Zudem ist das Programm in Deutsch verfügbar, was die Bedienung um einiges vereinfacht, obwohl ich der englischen Sprache auch mächtig bin.

Nun surfe ich mit *Stellarium* nächtelang auf meinem Bildschirm durch das Universum, wobei ich mich auch in der Zeit vor und zurück bewegen kann, z. B. zurück ins Jahr 0000, oder zu meiner Geburt 1953, auf Wunsch auch vorwärts bis ins Jahr 3000 oder noch weiter, einfach fantastisch!

Objekte können über ihren Namen oder auch über andere Bezeichnungen, z. B. nach Messier-Katalog, gesucht werden.

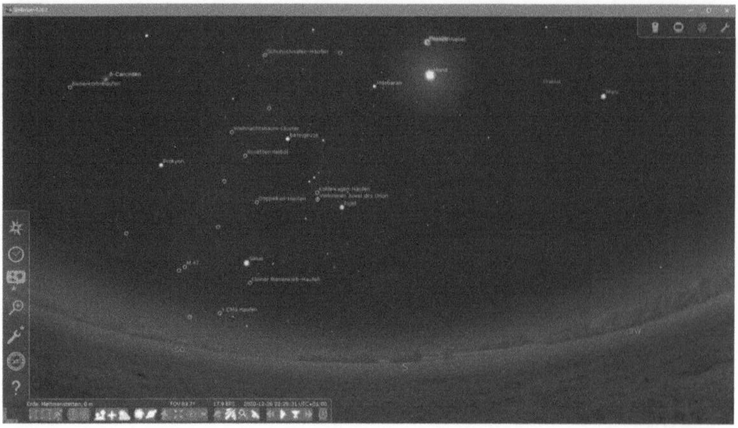

Bild 2: PC Planetarium-Programm *Stellarium*.

Die ausgewählten Objekte, z. B. wie hier der Mond, lassen sich beliebig heranzoomen und so vergrössern. Dabei werden auch sämtliche astronomische Daten dazu links oben angezeigt.

Bild 3: PC Planetarium-Programm *Stellarium* mit Mond in der Zoom Ansicht.

Das Programm lässt sich individuell konfigurieren mit eigenen Standorten, Teleskopen, Okularen, Kameras, usw..
So kann man selbst bei schlechtem Wetter oder tagsüber 'Zimmerastronomie' betreiben oder Beobachtungen vorbereiten.

Kapitel 5: Das erste Teleskop

2010

Im Frühling kommt meine Frau mit einem Katalog zu mir und sagt, es hätte da drin ein Teleskop zur Sternenbeobachtung. Es könnte ja sein, dass mich das eventuell interessieren würde. Bei genauerem Betrachten dieses Katalogs, stelle ich fest, dass er von BEA ist, einem Versand mit einem Punktesammelsystem, dessen Punkte man überall auf Lebensmitteln und anderen Sachen des täglichen Bedarfs findet. Allerdings stelle ich auch fest, dass es ein Katalog ist, der vor allem Kinderspielsachen enthält. Mein Kommentar dazu: „Aber Schatz, das sind doch Kinderspielsachen." Doch sie bleibt hartnäckig und meint: „Da sind so viele technische Daten dazu angegeben mit denen ich nichts anfangen kann. Aber dich könnten sie ja vielleicht doch interessieren." Also lese ich sie geduldig durch und bin total erstaunt über das was hier geschrieben steht.

<u>Teleskop *Eagle Eye*</u>

Spiegelteleskop	Newton
Brennweite	1000 mm
Öffnung	114 mm (4.5")
Tubuslänge	400 mm
Lichtsammlung	265x
Vergrösserung	40x, 100x

Wow! Doch kein Kinderkram.

Also wird das Teleskop bestellt, denn bei einem Preis von nur etwa 160 Franken und zusätzlich 500 BEA-Punkten kann man so etwas durchaus mal ausprobieren, schliesslich wird das Ganze komplett mit Montierung, Stativ und zwei Okularen geliefert.

Technische Daten

Optische Leistung

Objektivspiegel	Hohlspiegel, beschichtet
Blendenöffnung	114 mm
Effektive Brennweite	1000 mm
Auflösungsvermögen	1"
Lichtsammlung	265 x
Schwächste erkennbare Sterne	12M
Vergrösserung	40fach, 100fach,

Okular	Vergrösserung	Ausgang Pupillenblende	Helligkeit	Gesichtsfeld Wirklich	Gesichtsfeld Scheinbar
K25mm	40fach	2,85mm	8,1	60'	40°
K10mm	100fach	1,14mm	1,3	25'	41°

Standardzubehör

Objektiv:	Öffnung D = 114mm Brennweite f = 1000mm
Okular:	K25mm, K10mm,
Sucherfernrohr:	6x30mm/Schwenkrichtung
Montierung:	ET-7 Äquatorial
Stativ:	Aluminium oder Holz
Zubehör:	Mondfilter, biegsame Wellen (zwei Stück), Ausgleichsgewicht, Ablage

Technische Einzelheiten

Fokussierung	Zahnstangen-Fokussierung
Montierung	Äquatoriale Montierung
Tubuslänge	400mm
Gewicht	2,1 kg (ohne Montierung und Stativ)

Pflege der Spiegel

Der Haupt- und der Diagonalspiegel sollten weder gereinigt noch mit den Händen berührt werden, weil sie mit Aluminium überzogen sind, um einen hohen Reflektionsgrad zu bieten. Wenn das Teleskop bei Nichtgebrauch immer in die Schachtel gelegt wird, sollte es hinsichtlich Staubs auf den Spiegeloberflächen keine Probleme geben.

Verwenden Sie einen feinen Kamelhaarpinsel oder ein weiches, fusselfreies Tuch, wenn die Spiegel aus irgendeinem Grund doch gereinigt werden müssen.

Bei normaler Beanspruchung und Gebrauch wird sich die Aluminiumbeschichtung mit der Zeit abnutzen.

ACHTUNG

Für den Versand wurden einige Teile, wie zum Beispiel Rändelrad, Fokussierknopf, die Drehschrauben der biegsamen Wellen, etc. mit Schutzpapier versehen. Entfernen Sie dieses Papier, wenn Sie Ihr Teleskop zusammenbauen.

ACHTUNG

Wenn Sie mit dem Sonnenfilter die Sonne beobachten, dann sollten Sie nicht die volle Öffnung des Teleskops benutzen. Schauen Sie durch eine kleine Öffnung der Staubkappe in die Sonne.

8

Bild 4: Bedienungsanleitung des Newton Teleskops '*Eagle Eye*', zu Deutsch 'Adlerauge'.

Als das grosse Paket per Post eintrifft, wird sofort ausgepackt und der Inhalt akribisch inspiziert. Da ist wirklich allerhand dabei.

Inventar:

- Stabiles Aluminium Stativ mit Teleskopbeinen
- Deutsche Montierung mit Handantrieb Typ ET-7
- Zahnradantrieb für spätere motorisierte Nachführung der Zeitachse (als Option)
- Biegsame Wellen zur manuellen Nachführung beider Achsen
- Teleskoptubus Newton, Brennweite 1000 mm
- Sucherteleskop mit justierbarer Halterung
- Fokussierung (Okularauszug) mit Zahnstangenantrieb
- Okular 25mm, Vergrösserung 40x
- Okular 10mm, Vergrösserung 100x
- Mondfilter zum Einschrauben ins Okular
- Sonnenfilter (leider unbrauchbar, zu gefährlich!)
- Ausgleichsgewicht 2.5kg
- Okularablage zu Stativ
- Bedienungsanleitung in Deutscher Sprache

Das Teleskop wird, nach dem eingehenden Studium der gut verständlichen Bedienungsanleitung, erst einmal in meinem Büro zuhause aufgebaut und auf alle Funktionen kontrolliert.

Dabei stellt sich heraus, dass sich die Originalverpackung aus Karton nicht zum Transport ins Beobachtungsgelände eignet. Also muss eine passende Transportkiste gefunden werden.

Eine Kunststoffbox aus dem Baumarkt scheint mir dafür geeignet zu sein. Ich konstruiere passende Halterungen mit Fixierungen dazu und lasse mir von einem Arbeitskollegen dabei helfen, alles bei ihm zuhause mit Stichsäge und Bohrmaschine zu bearbeiten und zusammenzubauen. Das Resultat ist eine stabile und gut gepolsterte Kiste zur Aufnahme des Teleskops mit dem gesamten Zubehör, allerdings ohne das grosse Aluminiumstativ. Das wird separat transportiert.

Transportbox für das 1000 mm Newton Teleskop

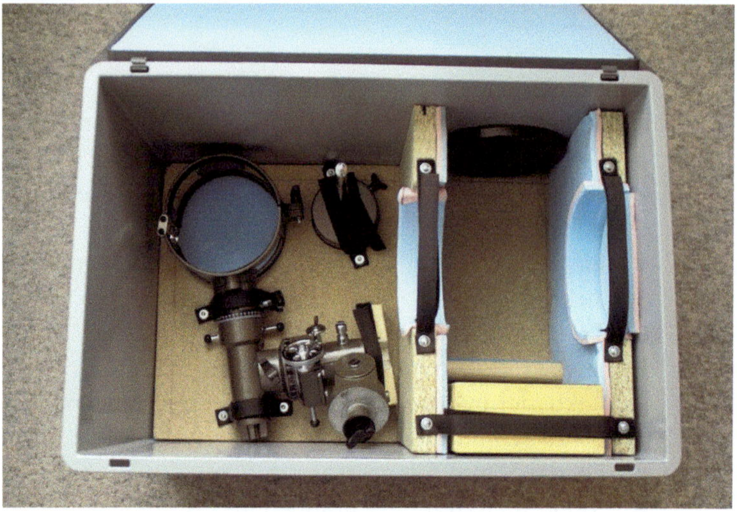

Bild 5: Stauraum für Montierung, Gewicht und Zubehörkiste.

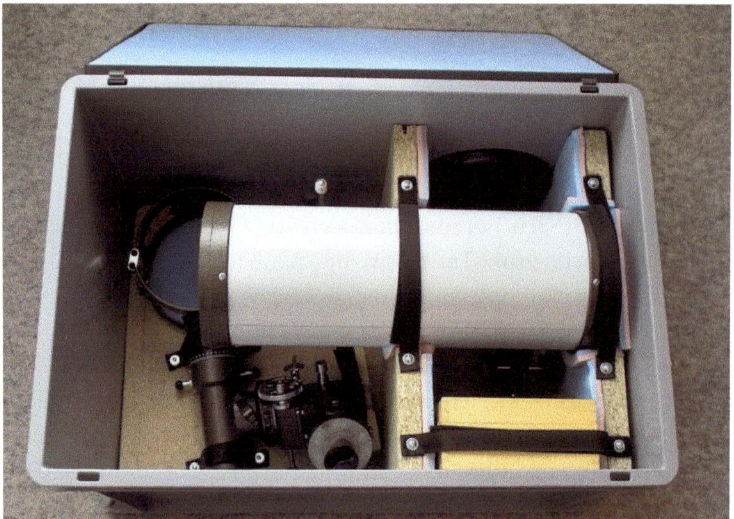

Bild 6: Teleskoptubus fixiert mit Klettverschlüssen in seiner gepolsterten Halterung.

Aufstellen des Teleskops

Beim Aufstellen eines Teleskops mit deutscher Montierung (äquatorial) muss folgendermassen vorgegangen werden:

1) Stativ nach Norden ausrichten (mit Kompass).
2) Stativ senkrecht stellen (mit Kreuz-Libelle).
3) Montierung mit Gegengewicht aufsetzen.
4) Teleskoptubus aufsetzen und Okular einstecken.
5) Teleskop austarieren (Gleichgewicht auspendeln).
6) Montierung in Grundstellung bringen (Markierungen).
7) Dunkelheit abwarten.
8) Polhöhe mit Sucherteleskop auf Polarstern ausrichten.

Das Teleskop ist nun betriebsbereit und Objekte können mittels der Rektaszensionsachse und der Deklinationsachse gesucht und via Rektaszensionsachse (Zeitachse) nachgeführt werden.

Bild 7: Newton Spiegelteleskop mit Montierung auf Alustativ.

Wo ist der Polarstern?

Um das Teleskop auf den Polarstern auszurichten, muss man erst einmal wissen, wo der am Nachthimmel zu finden ist.

Darauf muss man die Polhöhe der Montierung ausrichten, um bei der Nachführung eines Objektes die Drehung der Erde um ihre Achse mit nur einem Antrieb (Rektaszensionsachse) kompensieren zu können.

Den Polarstern findet man ungefähr in der Mitte zwischen dem hinteren Ende des Kastens am Grossen Wagen, der ein Teil des Grossen Bären ist, und der Kassiopeia. Man kann auch die Linie der beiden Sterne 'Merak' und 'Dubhe' am hinteren Ende des Grossen Wagens 5x verlängern, dann landet man beim relativ hellen Polarstern auch 'Polaris' genannt.

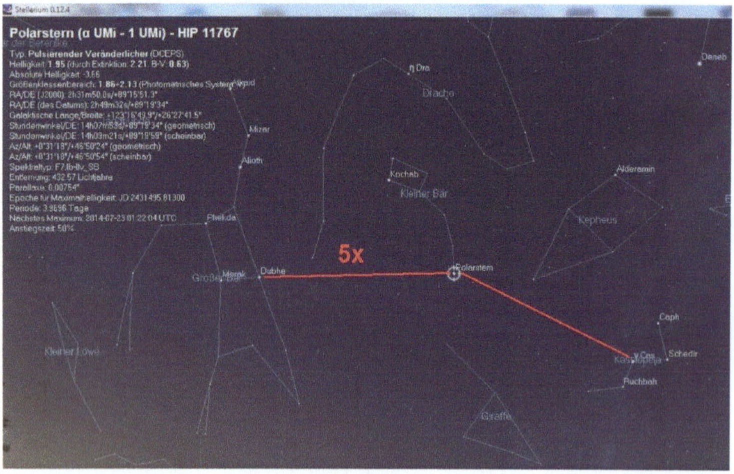

Bild 8: Polarstern im *Stellarium* bearbeitet mit Programm *Paint*.

Ich benutze von Anfang an dazu gerne meinen *Laptop* mit dem Planetarium-Programm *Stellarium*. Man kann aber auch eine Sternenkarte verwenden, nur im Dunkeln sieht man die nicht.

Heutzutage gibt es dazu auch entsprechende Apps für das *Handy* oder das *Tablet*.

Kapitel 6: Erste Beobachtungen

August 2010

Mir ist klar, dass man für gute Beobachtungen einen möglichst dunklen und am besten auch hoch gelegenen Standort ohne 'Lichtverschmutzung' braucht. Also mache ich mich mit *Google Earth* auf meinem PC auf die Suche danach. Ich werde fündig im Toggenburg. Oberhalb Wattwil gibt es ein hoch gelegenes und abgelegenes Restaurant auf der Chrüzegg. Wichtig für meinen Standort ist, dass ich da mit dem Auto hinfahren kann. Auf die Chrüzegg führt nur eine schmale Strasse, für die ich allerdings eine Fahrbewilligung der Gemeinde Wattwil für mein Auto brauche, die ich aber auf Anfrage und der Angabe meines Grundes für eine Gebühr von 10 Franken bekomme.

Hier oben auf der Chrüzegg beobachte ich zum ersten Mal mit meinem eigenen Teleskop die Planeten Jupiter und Saturn. Beim Jupiter erkenne ich sogar die vier grossen galiläischen Monde: 'Ganymed', 'Io', 'Europa' und 'Callisto'. Beim Saturn kann man mit eigenem Auge am Okular erkennen, dass er Ringe hat. Man sieht zwar die 'Cassinische Teilung' nicht (entdeckt durch den Astronomen Cassini 1675), aber immerhin ein breiter Ring ist sichtbar. Es kommen später noch einige interessierte Besucher des Restaurants zu mir und fragen, ob sie auch mal da durchschauen dürfen. Selbstverständlich zeige ich ihnen gern und auch mit etwas Stolz, was man durch mein Spiegelteleskop sehen kann.

Bild 9: Aufbau meines Newton-Teleskops zusammen mit dem alten *Laptop* auf der Chrüzegg oberhalb Wattwil.

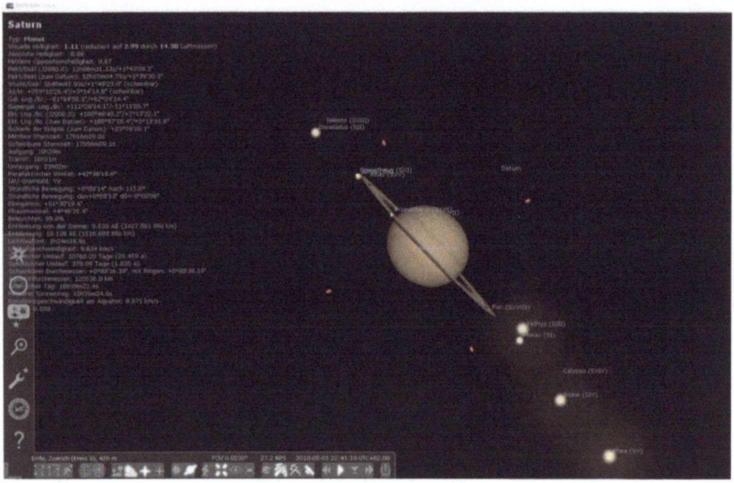

Bild 10: Saturn Simulation mit *Stellarium* auf dem *Laptop*.

Ich fahre in den nächsten Wochen und Monaten noch öfters auf die Chrüzegg, weil dieser Standort ziemlich hoch gelegen ist (1265 m) und abseits des Restaurants auch relativ dunkel ist.

Kapitel 7: Die eigene Homepage

2010

Natürlich möchte ich meine neuen Erkenntnisse mit meinem Teleskop irgendwie festhalten. Zudem denke ich, es würde Sinn machen, anderen interessierten Informationen darüber zukommen zu lassen, dass der Einstieg in die Astronomie gar nicht so teuer sein muss, wie ich anfangs befürchtete.

Ein Hobby muss mit einem normalen Budget finanzierbar sein.

Deshalb entschliesse ich mich eine eigene *Homepage* dazu zu erstellen, um solche Informationen auch mit anderen teilen zu können. Da ich bereits seit längerem eine private *Homepage* habe, möchte ich sie nun um eine neue zum Thema Astronomie ergänzen. Allerdings war der Zugang zu meiner *Homepage* für externe bisher zu kompliziert, da es sich um eine kostenlose *Homepage* handelte mit einer viel zu komplizierten Adresse. Um den Zugriff darauf zu vereinfachen, entschliesse ich mich, mir dafür eine eigene Domain zuzulegen, also einem direkten Zugriff über eine eigene Internetadresse. Ich möchte dafür auch einen einfachen Namen haben, den man sich gut merken kann.

robani.ch abgeleitet von **Ro**lf **Ba**ldegger **Ni**ederuzwil

Ich bin in der glücklichen Lage, dass mein aktueller *Internet Provider* auch diesen FTP-Service anbietet.

Homepage Editor

Weil die sonst üblichen Microsoft PC-Programme zum Erstellen einer *Homepage* relativ teuer sind, entschliesse ich mich nach einer preiswerten Alternative zu suchen.
Die finde ich auch in der Form eines *Homepage* Editors aus Deutschland mit dem simplen Namen **NVU**. Dieser lässt sich kostenlos vom Internet herunterladen und bietet trotzdem genügend Komfort für meine Ansprüche an eine eigene *Homepage*. Es enthält auch die notwendigen *Upload*- und Verwaltungs-Werkzeuge zum FTP-*Server* beim Provider.

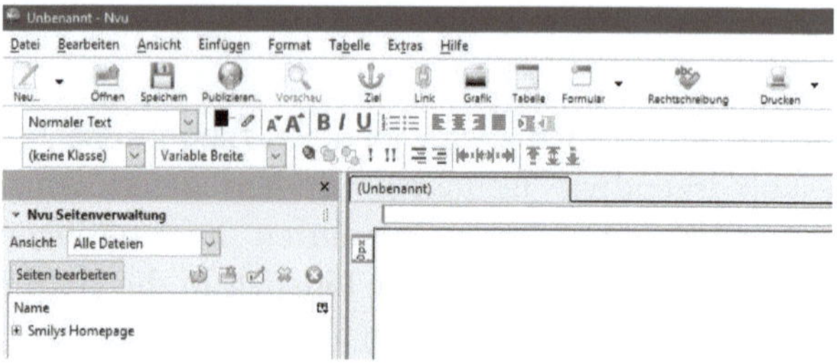

Bild 11: Damit erstelle ich meine neue Astronomie-*Homepage*.

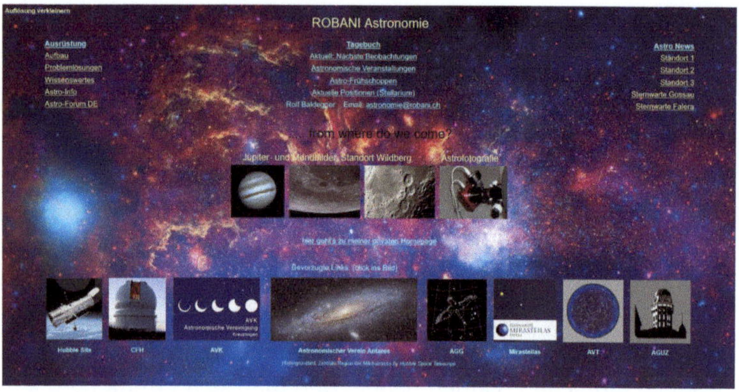

Bild 12: Hauptseite meiner *Homepage* www.robani.ch
(Stand 2020) mit den Links zu meinen Themen und zu verschiedenen Sternwarten sowie zur Webseite des Hubble Space Teleskops.
Das Bild im Hintergrund stammt aus dem *Internet* vom Hubble Space Teleskop (zentrale Region der Milchstrasse).

Kapitel 8: Sternwarten

2010

Sternwarte Gossau SG

Ich beginne mich für Sternwarten zu interessieren und finde heraus, dass es in der Nähe in Gossau SG eine Sternwarte gibt.

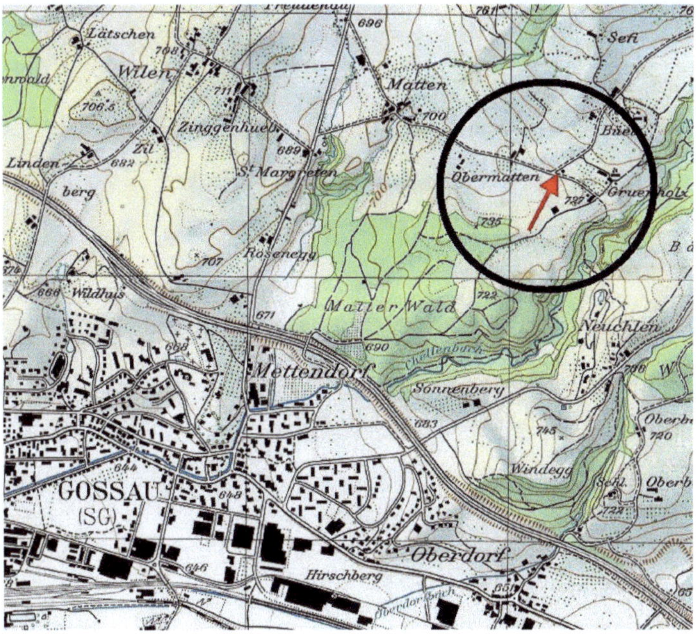

Bild 13: Kartenausschnitt Gossau, Sternwarte markiert mit Pfeil.

30. Juli 2010

Ich bewerbe mich als Mitglied beim Astronomischen Verein Antares in Gossau, der diese Sternwarte seit Jahren betreibt.

5. August 2010

Heute werde ich offiziell als Aktivmitglied im Astronomischen Verein Antares (AVA) in Gossau aufgenommen. Damit ist der Einstieg in mein neues Lieblingshobby die Astronomie definitiv geschafft, denn eine Sternwarte bietet viel mehr Möglichkeiten.

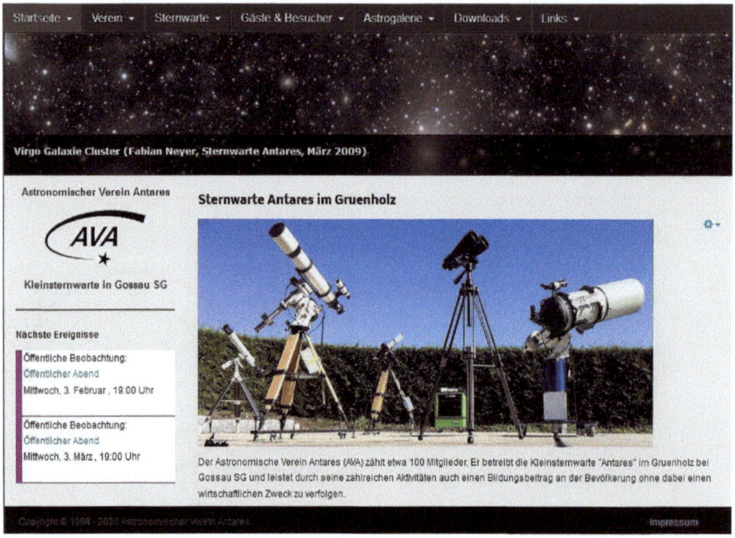

Bild 14: *Homepage* des **A**stronomischen **V**ereins **A**ntares (AVA) Gossau (Stand 2021).

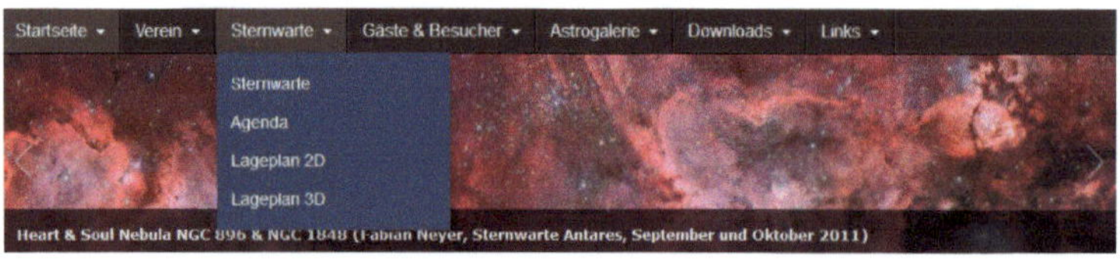

Bild 15: Öffnungszeiten findet man unter Sternwarte, Agenda.

9. August 2010

Teleskopausbildung in Gossau

Ich nehme heute Abend als neu aufgenommenes Mitglied des Astronomischen Vereins Antares Gossau am im Programm ausgeschriebenen Teleskopkurs bei der Vereinssternwarte teil. Nach einer kurzen allgemeinen Einführung beginnen wir damit, das grosse Schmidt-Cassegrain Spiegelteleskop vom Typ Celestron C14 gemäss Checkliste vorzubereiten.

- Alle Deckel abnehmen.
- Okular einsetzen.
- Aus der Sternwarte schieben (auf Rollen mit Zentralschiene geführt).
- Positionieren auf markierter Stelle.
- Nivellieren gemäss Libelle.
- Mit Kabel ans Stromnetz anschliessen und einschalten.
- Auf einen bekannten Stern kalibrieren.
- Mit der GO-TO Steuerung das gewünschte Objekt anfahren.

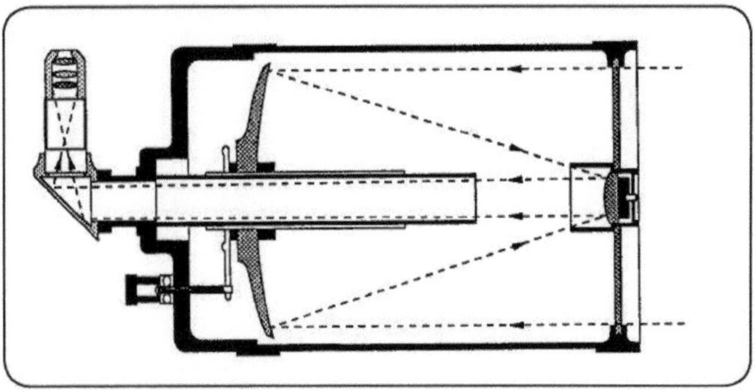

Bild 16: Strahlengang eines Spiegelteleskops vom Typ Schmidt-Cassegrain. Dabei wird das einfallende Licht nach einer dünnen Korrekturscheibe (Schmidt-Platte genannt) auf dem sphärisch geschliffenen Hauptspiegel gesammelt und vorne vom konvex geschliffenen Sekundärspiegel durch ein Loch im Hauptspiegel zum Austritt auf der Rückseite zurückgeworfen.

Das Hauptteleskop der Vereins hat 354 mm Öffnung, 3540 mm Brennweite und ist mit einer grossen Astro-Physics 1200 GTO Montierung mit Handheld Computersteuerung ausgerüstet.

Trotz der langsam aufkommenden Bewölkung gelingt es den Kursteilnehmern doch noch, mit gegenseitiger Hilfe und der fachkundigen Unterstützung unseres Kursleiters Kurt, einige sehenswerte Objekte anzupeilen und zu beobachten, unter anderem auch die Andromeda Galaxie.

Selbstverständlich werden wir an diesem Abend auch noch am Refraktorteleskop ausgebildet, welches ebenfalls mit einer Astro-Physics Montierung und GO-TO Computersteuerung ausgerüstet ist.

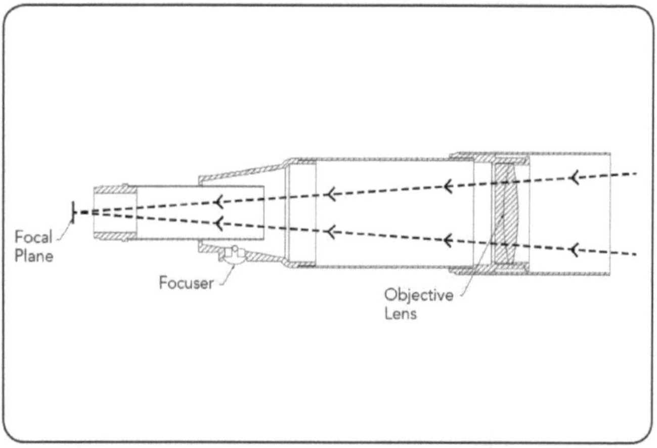

Bild 17: Strahlengang eines Refraktorteleskops (Linsenteleskop).

Nach Abschluss dieses Einführungskurses für die Teleskope werden wir Mitglieder dann unsere Codekarten für den Zutritt zur Sternwarte bekommen und dürfen ab dann alle Teleskope des Vereins selbst benutzen. Ein grosses Spiegelteleskop und zwei Refraktoren (Linsenteleskope) stehen uns dabei zur Verfügung. Sie sind in einem Häuschen ohne Kuppel, das primär als Materialdepot und Ausbildungsraum genutzt wird deponiert. Beobachtet wird draussen auf der Plattform.

Sternwarte Sternenberg

27. August 2010

Mit dem 'Förderverein Mobiles Planetarium Zürich' besuchen wir die Sternwarte in Sternenberg ZH. Sie befindet sich leicht versenkt auf einem kleinen Hügel und ist mit einer Flachdom-förmigen Kuppel ausgerüstet.

Bild 18: Grosses Maksutow Spiegelteleskop in der Sternwarte in Sternenberg (Stand 2010). 2013 wurde es durch ein neues Teleskop vom Typ Celestron SC14 HD Edge ersetzt.

AVA Sternwarte Gossau

30. August 2010

Heute habe ich die elektronische Zutrittskarte zur Sternwarte des **A**stronomischen **V**ereins **A**ntares (AVA) per Post zugestellt bekommen. Nun kann ich jederzeit die Sternwarte Grünholz benutzen und darf dort selbständig alle Instrumente einsetzen, auf denen ich ausgebildet wurde.

Bild 19: Das Celestron C14 Spiegelteleskop auf der Plattform der Sternwarte in Gossau SG (altes Modell Stand 2010).

25. - 26. September 2010

Sternwarte 'Mirasteilas' Falera

Mit dem 'Förderverein Mobiles Planetarium Zürich' besuchen wir die Sternwarte 'Mirasteilas' in Falera GR. Sie befindet sich oberhalb des Dorfes und ist mit einem Schiebedach und einer grossen Beobachtungsplattform ausgerüstet, auf welcher ein riesiges 90cm Spiegelteleskop, ein grosser Takahashi Refraktor und ein grosses Binokular stehen. Es gibt auch einen Kursraum.

Bild 20: Das grosse 90 cm Spiegelteleskop 'CEDES' auf der Sternwarte 'Mirasteilas' in Falera (bei Laax) ist eines der grössten öffentlich zugänglichen Teleskope in Europa.

13. Dezember 2010

<u>Sternwarte Urania Zürich</u>

Zum Jahresabschluss besuchen wir mit dem 'Förderverein Mobiles Planetarium Zürich' die Sternwarte 'Urania' in Zürich. Sie befindet sich auf dem Urania-Turm mitten in der Stadt und ist eine der ältesten Sternwarten in der Schweiz. Sie existiert seit über 100 Jahren und ist unter der grossen Kuppel mit einem gigantischen Linsenteleskop (Zeiss-Refraktor, Öffnung 30 cm) von über 5 m Länge und 12 Tonnen Gewicht ausgerüstet.

Bild 21: Urania Sternwarte in Zürich.
Bildquelle: Urania Sternwarte.

23-25. September 2011

Astronomietage Falera 2011

Ich bin gleich nach der Arbeit am späteren Freitagnachmittag losgefahren und habe meine Unterkunft im Hotel La Siala im autofreien Dorf Falera bezogen.

Zum Abendessen bin ich zu José gegangen, welcher der Organisator der alljährlichen Astronomietage in Falera ist, die übrigens dieses Jahr das 10-jährige Jubiläum feiern. Gut gestärkt mit den traditionellen Pizokel habe ich den Anstieg zur Sternwarte 'Mirasteilas' unter die Füsse genommen. Der Weg dorthin ist mit solargespiesenen LED-beleuchteten Tafeln sehr gut beschildert und so auch nachts leicht zu finden.

Oben angekommen hat sich leider der Himmel mit einer dünnen Hochnebeldecke überzogen. So wird kurzerhand das Beobachtungsprogramm unterbrochen und stattdessen ein Vortrag im Aufenthaltsraum gehalten. Unsere Geduld wird ziemlich auf die Probe gestellt, aber kurz nach 01:00h klart der Himmel dann doch noch auf und man kann endlich weiter beobachten. So etwa um 02:00h habe ich mich dann wieder zu Fuss auf den Weg ins Dorf gemacht.

Am Samstag habe ich nach einem ausgiebigen Frühstück das Kulturzentrum 'La Fermata' besucht, wo sich ausser dem astronomischen Markt und einer Kaffeestube auch der Saal für die Vorträge befindet. Die sehr interessanten Themen werden von Fachspezialisten mit Unterstützung eines Beamers in gut verständlicher Form vorgetragen.

Der astronomische Markt hat mich allerdings ein wenig enttäuscht, denn ich hatte gehofft, dass ich auf dem angekündigten Occasionsmarkt eventuell einen gut erhaltenen *Focal Reducer* f/0.33 finden könnte. Leider gibt es praktisch keine Occassionsteile und der Markt wird ausschliesslich von Astronomiehändlern bestimmt.

Die wollen vor allem Neues oder ihre Lagerräumungsmodelle verkaufen. Es gibt auch einen Händler für Astrosouveniers.

Im Foyer werden noch einige interessante Objekte ausgestellt, so unter anderem eine Vorrichtung, um in HD-Qualität einen Zeitraffer-Video mit Panoramaschwenkung aufzuzeichnen. So ein Video kann man dort auf *Blue-ray* auch kaufen.

Am Samstagnachmittag bin ich wieder zur Sternwarte hoch marschiert, um mir dort die in der grossen Wiese aufgestellten Teleskope der Amateurastronomen zu betrachten und dabei ein bisschen zu 'fachsimpeln'. Sonnenbeobachtung ist angesagt.

Bild 22: Beobachtungswiese zur Verfügung gestellt für die Teilnehmer der Astronomie-Tage.

Nach dem Abendessen vom Grill bei der Sternwarte gehen die Beobachtungen wieder weiter, sobald es genügend dunkel ist. Man kann den Nachthimmel mit allen auf der Plattform verfügbaren Teleskopen und einem Binokular betrachten. Fachkundige Demonstratoren und Mitglieder von 'Mirasteilas' und der **A**stronomischen **G**esellschaft **G**raubünden (AGG) erklären jeweils die angepeilten Objekte wie die Andromeda Galaxie, den Nordamerikanebel, den Ringnebel in der Leier sowie die Planeten Jupiter, Neptun und Uranus, usw. .

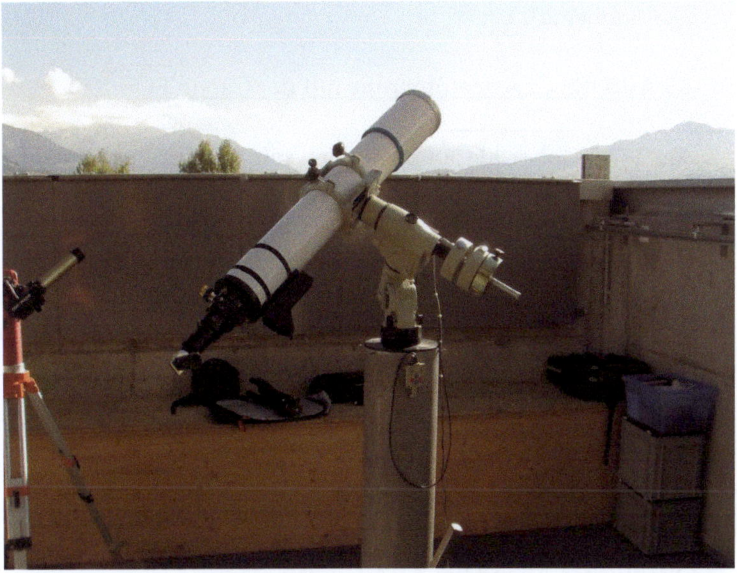

Bild 23: Grosser Takahashi Refraktor ausgerüstet mit Coronado H-alpha Filtern für die Sonnenbeobachtung.

Bild 24: Grosses Binokular ausgerüstet mit Folienfiltern und Kamera für Sonnenbeobachtung.

17. Oktober 2011

AVA-KURS C: Astrofotografie mit der Canon EOS 20D

Am 17. Oktober klappt es endlich mit dem dritten Anlauf den Astrofotografiekurs in Gossau durchzuführen, an welchem ich auch teilnehme. An den anderen vorgesehenen Tagen passte leider das Wetter nicht. Mit der Absolvierung dieses Kurses darf ich nun in der Sternwarte der AVA auch die Kamera Canon EOS 20D zur Astrofotografie verwenden sowie alle dazu notwendigen Peripheriegeräte und den PC der Sternwarte zur Bildbearbeitung.

2. November 2011

Öffentlicher Abend bei AVA Gossau

Am Standort der AVA ist heute wieder wie jeden ersten Mittwoch im Monat öffentlicher Abend. Ich kann leider erst um ca. 20:30h dort sein. Doch es bleibt noch genug Zeit, um einiges zu sehen. Es sind ca. 16 Personen anwesend, welche sich für die kostenlosen Astrobeobachtungen interessieren.

Der Jupiter ist wieder sehr schön zu sehen, hingegen bei der Andromeda klappt es heute nicht so recht, zumal schon bald leichte Nebelschwaden und dünne Schleierwolken aufziehen.

Ich stelle mich als zukünftigen Demonstrator-Assistent zur Verfügung, um in Zukunft bei den öffentlichen Abenden auf der Sternwarte tatkräftig mitzuhelfen.

Als Demonstrator bezeichnet man die Leute, welche auf den Sternwarten die Führungen machen und den Gästen an den verschiedenen Teleskopen die Objekte am Nachthimmel zeigen und auch Erklärungen dazu abgeben. Um Demonstrator zu werden, braucht es eine astronomische Grundausbildung und fundierte Kenntnisse der Teleskope und deren Steuerungen.

November 2011

Hauptversammlung der AGG

An der Jahreshauptversammlung der AGG (Astronomische Gesellschaft Graubünden) werde ich offiziell als Aktivmitglied aufgenommen. Ich hatte mich gleich nach dem Besuch der Astronomietage in Falera im September darum beworben.

Bild 25: *Homepage* der AGG.

Die Astronomische Gesellschaft Graubünden (AGG) ist für den Betrieb der Sternwarte 'Mirasteilas' in Falera verantwortlich. Sie macht die technische Betreuung der Sternwarte und stellt auch die Demonstratoren für die Führungen, welche man über das Touristenbüro im Falera buchen kann.

Früher oder später möchte ich auch auf dieser Sternwarte als Demonstrator mitarbeiten. Dazu muss ich allerdings zuerst die dazu notwendigen Ausbildungen absolvieren.

Ich werde nach meiner Pensionierung genügend Zeit haben, um auch auf dieser Sternwarte aktiv mitzuhelfen.

30. Juli - 1. August 2014

Ausbildung in Falera Teil 1

Am Donnerstagnachmittag fahre ich mit dem Auto nach Falera, denn heute soll meine erste Ausbildung auf der Sternwarte 'Mirasteilas' beginnen. Das Wetter scheint zuerst noch etwas durchzogen, doch ich hoffe, dass die Luft in der Nacht abtrocknet und die teilweise noch herumhängende Bewölkung verschwindet.

Nach dem Nachtessen mache ich mich zu Fuss auf den Weg zur Sternwarte 'Mirasteilas' die oberhalb des Dorfes Falera liegt. Ich habe einen Schlüssel erhalten damit ich bereits mit den Vorbereitungen beginnen kann, denn heute kommen ca. 20 Personen zu einer privaten Führung. Der Chef der Sternwarte hatte bereits im Voraus die Klappen auf der Südseite geöffnet. Also öffne ich nun nach einer Kontrolle der Teleskoppositionen erst einmal das Dach durch das Zurückfahren des ganzen Giebels, um die Beobachtungsplattform richtig auskühlen zu lassen. Im Aufenthaltsraum im Stockwerk unter der Plattform öffne ich die Fenster und drehe die Rollläden hoch. Hier gibt es in der Regel immer eine *Beamer*-Präsentation durch einen der beiden Demonstratoren mit einer kurzen Einführung in die Grundlagen der Astronomie und Informationen zu unserem Sonnensystem, den Galaxien und deren Entstehung. Die vielen Computer und die Teleskopsteuerungen kann ich noch nicht selbst in Betrieb nehmen, aber dazu bin ich hierhergekommen, um dies unter anderem zu lernen.

Um 21:00h erscheinen die beiden Demonstratoren der AGG. Ich lasse mich von ihnen instruieren, wie die beiden heute eingesetzten Beobachtungsinstrumente (Takahashi Refraktor und Keller 90 cm Spiegelteleskop) über ihre *Laptops* auf der Plattform hochgefahren werden.

Das grosse Spiegelteleskop hat einen Steuerschrank und noch einen eigenen Steuer-PC im Kontrollraum, welche als erstes eingeschaltet werden müssen.

Bild 26: Steuerschrank in der Sternwarte 'Mirasteilas'.

Anschliessend werden die *Laptops* auf der Plattform, welche für die Vorführungen gebraucht werden, hochgefahren.

Das Takahashi ist relativ einfach in Betrieb zu nehmen. Da es wie das grosse Spiegelteleskop über Absolutwert-Encoder verfügt, kann man es, wenn die Achsenarretierungen gelöst sind, beliebig von Hand drehen. Man muss nur darauf achten, dass das Teleskop auf der Montierung auf der richtigen Seite des Meridians ist (bei Blick nach Westen auf der Ostseite und bei Blick nach Osten auf der Westseite). In seinem Vorführ-*Laptop* muss der korrekte Meridian-Modus bei den *Settings* gesetzt sein.

Anschliessend macht man mit dem Takahashi eine Einstern-Kalibrierung (SYNCH), dann fährt man zur Überprüfung noch ein zweites Objekt an und schon ist alles betriebsbereit.

Beim Spiegelteleskop gibt es eine Checkliste auf dem Vorführ-*Laptop*, welche unbedingt abgearbeitet werden muss z. B. die Selbstüberprüfung der hochpräzisen Heidenhain Absolutwert-Encoder zur Basiskalibrierung sowie die Sichtkontrolle des Kabeldrehungsmechanismus, welche nach dem Öffnen der Bodenabdeckung mit einem Kontrollblick erledigt wird.

Das grosse Keller 90 cm Spiegelteleskop 'CEDES' braucht keine weitere Kalibrierung und man kann damit sofort ein beliebiges Objekt mit höchster Präzision anfahren.

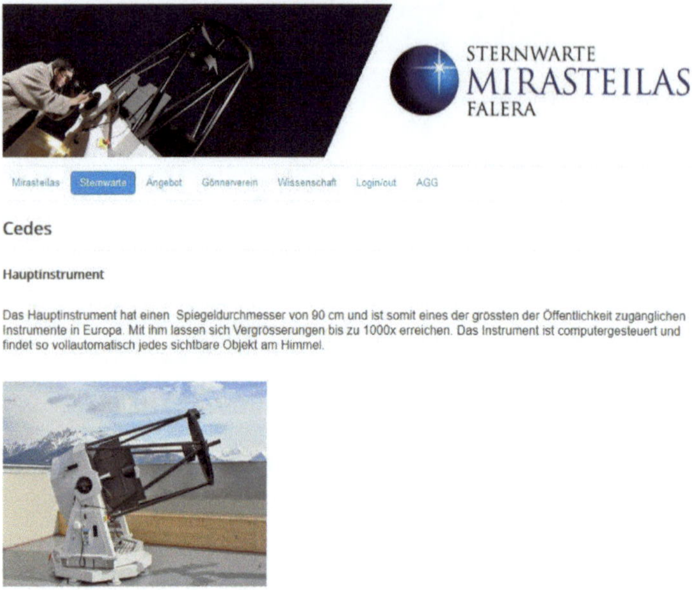

STERNWARTE
MIRASTEILAS
FALERA

Mirasteilas | Sternwarte | Angebot | Gönnerverein | Wissenschaft | Login/out | AGG

Cedes

Hauptinstrument

Das Hauptinstrument hat einen Spiegeldurchmesser von 90 cm und ist somit eines der grössten der Öffentlichkeit zugänglichen Instrumente in Europa. Mit ihm lassen sich Vergrösserungen bis zu 1000x erreichen. Das Instrument ist computergesteuert und findet so vollautomatisch jedes sichtbare Objekt am Himmel.

Bild 27: *Homepage* der Sternwarte 'Mirasteilas' in Falera GR (Stand 2021).

Die Sternwarte liegt oberhalb von Falera an einem Südhang. Der Weg dorthin ist mit beleuchteten Tafeln gut beschildert.

Bild 28: Sternwarte 'Mirasteilas' mit geöffnetem Dach.

17. Juni 2017:

Besuch der Sternwarte Kreuzlingen mit der AGG

Die AGG (Astronomische Gesellschaft Graubünden) hat zu einem Besuch der Sternwarte des **A**stronomischen **V**erein **K**reuzlingen (AVK) am Bodensee geladen. Diese Gelegenheit nutze ich gerne, zumal wir das Planetarium besichtigten können, wo kombinierte Vorführungen mit zwei Zeiss High-Tech Digital-Projektoren sowie einem grossen traditionellen mechanischen Planetarium geboten werden. Anschliessend werden uns die neuen Teleskope unter der Sternwartenkuppel gezeigt.

Seit 2019 bin ich aktives Mitglied des Astronomischer Vereins Kreuzlingen und arbeite dort auch in der Fotogruppe mit.

Die Sternwarte mit Planetarium befindet sich oberhalb der Schokoladenfabrik 'Bernrain' an einem sanften Nordhang am südlichen Ende von Kreuzlingen mit Blick auf den Bodensee.

Bild 29: Sternwarte Kreuzlingen mit Bodensee Planetarium.

Die Sternwarte in Kreuzlingen verfügt über ein hochmodernes Hybrid-Planetarium, einer Kombination aus High-Tech Digital-Projektoren, sowie dem traditionellen Zeiss 'Knochen', die auch in Kombination betrieben werden können.

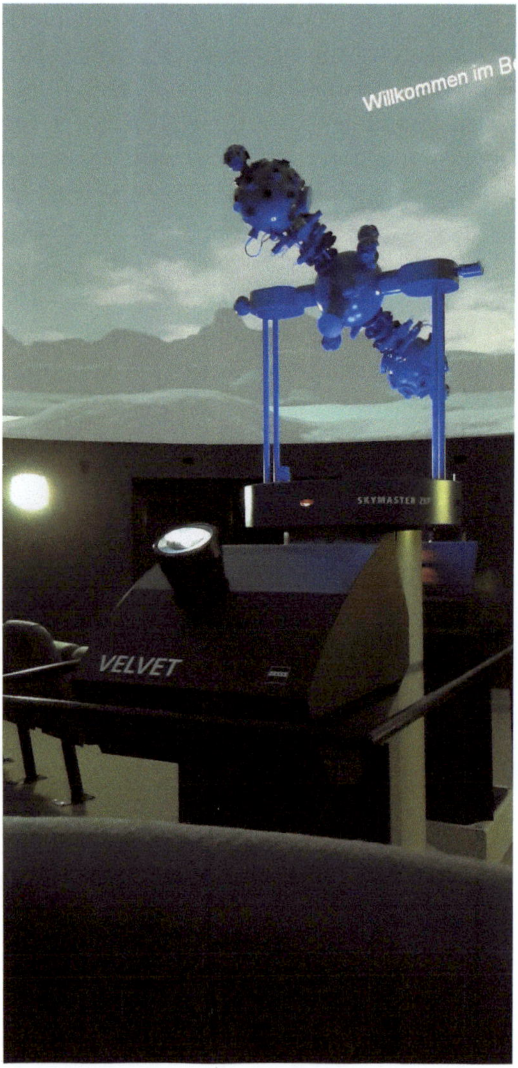

Bild 30: Bodensee Planetarium High-Tech Digital-Projektoren (Zeiss Velvet) und Zeiss Projektor (Skymaster).

Kapitel 9: Erster Versuch mit Astrofotografie

11. September 2010

Heute ist wieder mal eine sternenklare Nacht und ich habe mir als neuen Standort den Wildberg oberhalb von Jonschwil ausgesucht. Er liegt auf einer Höhe von 795m in einer grossen Waldlichtung. Die Tannen rundherum schirmen das Licht der Stadt Wil sowie den Lichterschein von Uzwil und Umgebung optimal ab. Er ist mit dem PW problemlos über Jonschwil erreichbar, denn auf dem Wildberg ist auch ein Restaurant.

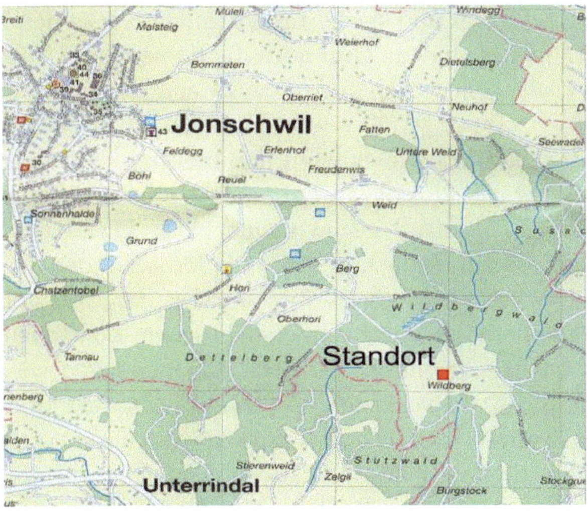

Bild 31: Kartenausschnitt vom Standort Wildberg.

Heute Nacht ist nochmal Jupiter angesagt. Er erscheint gemäss *Stellarium* heute Abend um 20:30h im Osten und ist dann während der ganzen Nacht zu sehen. Als erstes ermittle ich die Koordinaten des Wildbergs mit meinem Satellitenempfänger via *Notebook* und trage den neuen Standort unter 'Wildberg Switzerland' im PC-Programm *Stellarium* ein.

Nach dem Aufbau auf der Wiese wird der Jupiter ins Visier genommen. Seine vier Monde müssten gemäss *Stellarium* schön in einer fast horizontalen Reihe zu sehen sein. Das mindestens zeigt mir der neben dem Teleskop aufgebaute *Notebook* auf meinem hölzernen Klapptischchen....

.... und richtig, schon ist Jupiter mit all seinen Monden auch im K25 Okular meines Teleskops zu sehen. Natürlich nicht in der Auflösung des *Stellarium* Programms, aber immerhin erkenne ich deutlich die vier Monde, wobei das Bild im Okular gegenüber der Originalansicht auf dem Kopf steht, was bei Newton Spiegelteleskopen üblich ist.

Heute teste ich zum ersten Mal meine CCD-Kamera zusammen mit dem Teleskop. Ich stecke dazu den Eigenbau-Adaptertubus auf das Okular und stecke auf der anderen Seite den Tubus der CCD-Kamera hinein. Nun noch die Kamera am USB-Anschluss des *Laptops* einstecken und das AMCap Programm starten.

Leider sehe ich, wie es wohl den meisten Anfängern passiert, nur schwarz! Also die CCD-Kamera vom Tubus ziehen und in ca. 10 cm Abstand gegen meine blaue LED Lampe richten, welche ich zur Beleuchtung des Okulartisches benutze.
Aha, helles blau-weisses Bild am Display, also die Kamera funktioniert! Ich mache nochmals einen Kontrollblick durch das Okular, der Jupiter ist noch da, aber schon wieder etwas verschoben, die verflixte Erddrehung!! Also den Jupiter wieder ins Zentrum des Okulars rücken durch erneute manuelle Nachjustierung der Stundenachse. Leider habe ich bisher noch keine motorisierte Nachführung an der Montierung.
Jetzt schnell die CCD-Kamera darauf gesetzt und nun muss doch der Jupiter zu sehen sein!

Denkste, alles schwarz! Also wieder das Auge dran. Dann erst bemerke ich, dass ich automatisch mit meinem Auge am Okular immer dem Objekt folge, um es zu sehen. Ja das macht der CCD-*Chip* natürlich nicht! Nun versuche ich, statt direkt ins Okular, genau zentrisch in den Adaptertubus zu schauen, so wie es der CCD-*Chip* macht und stelle dabei fest, dass ich dann auch nur noch schwarz sehe, weil der Jupiter leider nicht genau genug im Zentrum des Adapters steht.
Also wieder nachjustieren, bis der verflixte Planet genau im Zentrum sichtbar ist und dann schnell wieder die CCD-Kamera drauf gesteckt.
Aber hallo, da ist ja endlich ein heller Fleck auf dem Bildschirm sichtbar! Doch noch während ich versuche am Auszug besser zu fokussieren, wobei das ganze Bild wackelt, läuft doch der Jupiter in ca. 10 bis 15 Sekunden schon wieder rechts oben aus meinem *Laptop* Bildschirm davon!

Ich habe keine Chance ein vernünftiges Bild zu machen, weil:

1. Meine Montierung hat leider noch keine motorisierte Nachführung, um die Erdrotation zu kompensieren.

2. Die Fokussiereinrichtung am *low cost* Teleskop ist zu unpräzise geführt und zu wenig stark untersetzt.

3. Der selbstgemachte Adaptertubus hat leider noch etwas zuviel Spiel und die Kamera lässt sich nicht genau genug montieren.

Da sind die Ziele für zukünftige Beobachtungen und Fotos mit einem eigenen Teleskop schon bald ziemlich klar gesetzt:

A) Es muss eine nachgeführte GO-TO Montierung her!

B) Es muss für ein präziseres Spiegelteleskop gespart werden, am besten gleich eines mit GO-TO Montierung.

C) Es müssen präzise Adaptertuben für die CCD-Kamera gemacht, oder falls erhältlich, gekauft werden.

Meine erste Planetenkamera

Meine USB Farb-CCD-Kamera ist eine *Omegon Solar System Imager*. Sie funktioniert im Prinzip wie eine Webcam, hat aber im Gegensatz dazu kein Objektiv (sprich keine Linsen) und anstatt eines CMOS-Chips einen rauschärmeren CCD-Sensor. Sie ist, wie ihr Name schon andeutet, geeignet für die Mond- und Planetenfotografie. Sie funktioniert im Prinzip wie eine Farb-Videokamera aber mit bis zu 30 Bildern/Sekunde. Sie kann anstelle des Okulars direkt in die 1.25" Hülse des Auszugs gesteckt werden. Da hätte ich mir den Adapter sparen können.

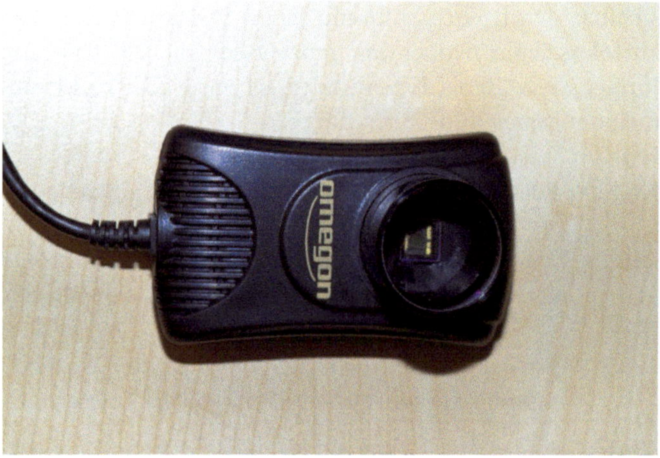

Bild 32: *Omegon Solar System Imager* Farb-CCD-Videokamera.

Technische Daten:

Hersteller	Omegon
Sensortyp	CCD (Sony ICX098BQ)
Lichtempfindlichkeit	< 1 lx (Lux)
Farbauflösung	24 Bit (3x 8Bit)
Schnittstelle	USB2.0
Bildrate	30 Bilder /Sekunde
Bildauflösung	640 x 480 *Pixel*
Pixel-Grösse	5.6 x 5.5 µm
Chip-Grösse	3.6 x 2.7 mm
Weissabgleich	automatisch

Kapitel 10: Das neue Teleskop

16. Dezember 2010

Hurra, das neue Teleskop ist angekommen! Ich habe es heute im Fachgeschäft mit dem Auto abgeholt. Es sind zwei riesige Pakete mit einem Gesamtgewicht von an die 40 kg! Nachdem wir dort eine Kontrolle auf eventuelle Transportschäden und die Verifizierung der richtigen Typen von Teleskop und Montierung vorgenommen haben, wird alles ins Auto geladen.

Selbstverständlich baue ich zuhause sofort alles auf, um auch die Vollständigkeit aller Teile inklusive Zubehör zu überprüfen. Das ist ja ein echtes Monster, grösser als ich es mir gemäss Bildern auf den Internetseiten des Herstellers vorgestellt habe. Ich denke, es ist gerade so an der oberen Grenze des noch transportierbaren. Aber wegen der sehr robusten Bauweise von Teleskop und Stativ kommt so einiges an Gewicht zusammen.

Mit seiner 235 mm Öffnung und dem Aussendurchmesser von ca. 270 mm ist es schon beeindruckend gross. Die Länge des robusten Aluminiumtubus beträgt ca. 560 mm. Er ist mit einer Schwalbenschwanzschiene für die präzise Montage an der Montierung ausgerüstet.

Mein neues Teleskop ist ein Schmidt-Cassegrain Typ SC 235 Star Bright XLT mit einer GO-TO Advanced GT Montierung des Herstellers Celestron und ein Jubiläumsmodell (50 Jahre).

Auf jeden Fall für ist es für ein Amateurteleskop eine imposante Erscheinung, wenn es komplett aufgebaut vor einem steht.

Bild 33: Mein neues Celestron Spiegelteleskop SC 235 (9.25") Star Bright XLT auf der Advanced GT Montierung.

Ein Sucherteleskop dient dem leichteren Auffinden heller Objekte, welche unter anderem dann auch zur 2-Stern Kalibrierung verwendet werden. Das Sucherteleskop, auch Sucherfernrohr genannt, muss allerdings vorher noch mit dem Hauptteleskop fluchtend justiert werden, durch den Abgleich mit Hilfe eines geeigneten terrestrischen Objektes.

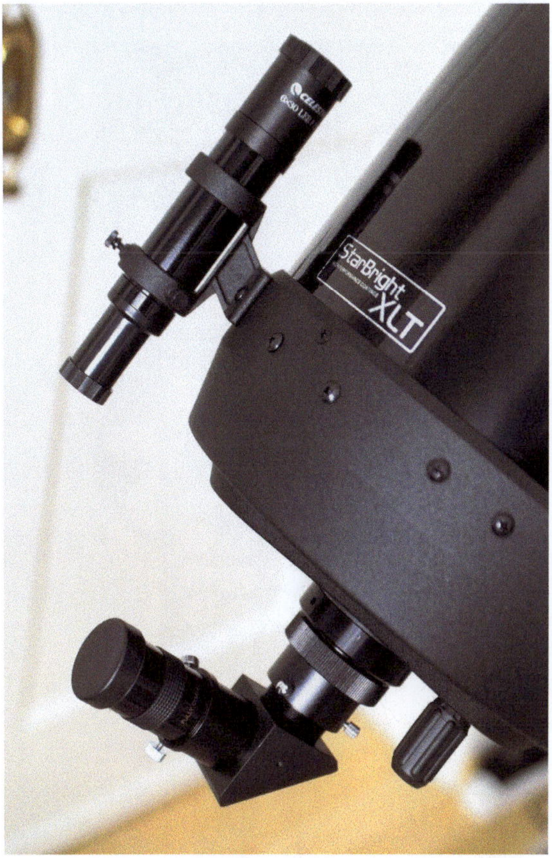

Bild 34: Sucherteleskop und Zenitspiegel mit Okular.

Der Zenitspiegel, an welchem das Okular im 90° Winkel montiert wird, bietet einen bequemen Einblick, auch wenn die Beobachtungsobjekte im oder nahe beim Zenit liegen und das Teleskop deshalb steil nach oben zeigt.

Das Handterminal der GO-TO Steuerung *NexStar* verfügt über mehr als 40'000 vorprogrammierte astronomische Objekte, welche nach erfolgter Kalibrierung automatisch mittels zwei Servomotoren angefahren und nachgeführt werden können, vorausgesetzt sie sind im nördlichen Sternenhimmel zu finden. Dabei lassen sich uninteressante Objekte z. B. die auf der Südhalbkugel per Programmfilter in der Liste ausblenden.

Bild 35: Handterminal welches die Computersteuerung enthält.

Zudem verfügt dieses Modell über ein bereits vormontiertes Polsucherfernrohr, mit welchem die Justierung der Montierung in Abhängigkeit der geografischen Position zur Erdachse durch direkte Anpeilung des Polarsterns erleichtert wird.

Diese sogenannte Polhöheneinstellung ist sehr wichtig, denn darauf beruht bei dieser äquatorialen Montierung die daraus resultierende Nachführgenauigkeit der Stundenachse (RA).

Bild 36: Äquatoriale Montierung mit Polsucherfernrohr.

Bei absolut korrekter Justierung der Polhöhe wird bei der Beobachtung von fixen Objekten zur Nachführung bei einer äquatorialen Montierung oder 'Deutschen Montierung' nur die Stundenachse, auch als Rektaszensionsachse (RA) bezeichnet, benötigt, und die arbeitet wegen der konstanten Drehrichtung dann spielfrei und sehr präzise.

Die zweite Achsensteuerung, Deklinationsachse (DE) genannt, wird bei fixen Himmelskörpern nur zum Anfahren benötigt. Bei der Beobachtung von Mond und Planeten hingegen werden beide Achsen (RA + DE) benötigt, da ja auch deren Bewegung aufgrund ihrer Umlaufbahnen durch die Steuerung der Montierung kompensiert bzw. verfolgt werden muss.

Vorbereitung des neuen Teleskops

Eine Reihe von Vorbereitungsschritten ist notwendig, bevor das neue Teleskop für die erste Beobachtungsnacht eingesetzt werden kann. Es soll ja auch sicher transportiert werden.

Transporteinheiten für die Teleskopteile:

Die Originalverpackungen bestehen aus Kartonschachteln mit vorgeformten Spezialschaumstoffteilen (kein Styropor).
Diese Kartonschachteln allein sind für einen sicheren Transport ins Gelände nicht geeignet, die Formteile hingegen sind dazu notwendig.

Die Formteile werden dann mit samt den Schachteln in den zu beschaffenden Transportboxen wiederverwendet. Das wird so vom Hersteller empfohlen, denn sie passen genau auf all die empfindlichen Teile wie Teleskoptubus und Montierung.

Transportboxen:

Ich habe mich entschlossen mehrere unterschiedlich grosse stapelbare Kunststofftransportboxen in Standardgrössen mit Deckel zu kaufen, um die Handhabung zu vereinfachen und vor allem, um das grosse Gewicht besser zu verteilen. Zur Fixierung der Originalverpackungen reduziere ich die Breite und die Länge der Innenmasse der entsprechenden Boxen mittels auf Mass zugesägten kleinen Buchenbalken von 2x4 cm Querschnitt. So bleibt noch genügend Raum übrig, um z. B. den Okularteller zu befestigen oder auch um einen Ordner mit all den vielen Bedienungsanleitungen und weiteres Material darin zu verstauen.

Transportbox für den Teleskoptubus:

Für den Teleskoptubus verwende ich eine graue Kunststoffbox mit den Standardmassen 80x60x44 cm, weil dazu ein minimaler Innenraum von 69x38x38 cm benötigt wird.

Diese Box ist nun fertig aufgebaut und hat Platz für den Teleskoptubus in seiner Originalverpackung sowie auch den kleinen Koffer mit den schweren Gegengewichten und mein *Netbook* in seiner gepolsterten Tasche.

Auch die noch zu beschaffende Taukappe wird darin später Platz finden. Eine Taukappe ist ein rohrförmiger Aufsatz, der vorne bei der Lichteintrittsöffnung auf das Teleskop gestülpt wird, um nachts bei zunehmender Abkühlung der Luft eine Betauung von Eintrittslinse oder Spiegel zu verhindern.

Bild 37: Transportbox für den Teleskoptubus.

Zum Ausladen wird zuerst der kleine graue Koffer mit den schweren Gegengewichten von 2x 5 kg herausgenommen, dann erst wird die grosse Kiste vom Gewicht her für mich tragbar.

Heute verstaue ich den Koffer mit den Gegengewichten separat im Auto, weil mein aktuelles Fahrzeug mehr Platz hat.

Transportbox für die Montierung:

Für den Transport der Montierung wird eine Kunststoffbox mit den Standardmassen 60x40x23.5 cm verwendet, weil dafür ein minimaler Innenraum von 44x30x19 cm erforderlich ist.

Auch diese Box ist nun fertig ausgebaut und enthält nebst der Montierung samt ihrer Originalverpackung auch noch den Okularteller, welcher genau zwischen dieser und dem Klappdeckel der Box verstaut ist und somit zugleich auch den Schaumstoffdeckel der Originalverpackung zuhält.

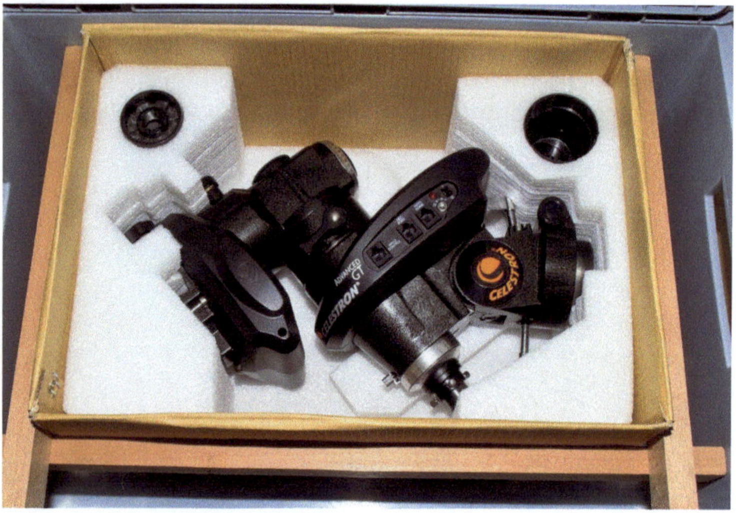

Bild 38: Transportbox für die Montierung.

Transportkoffer für die Gegengewichte:

Für die schweren Gegengewichte von habe ich mir eine kleine Kofferbox mit den Standardmassen 40x30x8 cm beschafft. Darin habe ich zwei kurze Wellen aus schwarzem Kunststoff von 20mm Durchmesser und einer Länge von 6cm mittels M6 Schrauben befestigt. Darauf lässt sich je ein Gegengewicht aufstecken und fixieren, da der Wellendurchmesser identisch ist mit dem Durchmesser der Stange für die Gegengewichte.

Die Länge dieser Befestigungswellen entspricht genau der Innenraumhöhe dieser Kofferbox, so dass ein ungewolltes Herausrutschen der beiden enorm schweren Gewichte von jeweils 5 kg auch bei versehentlich gelöster Fixierung nicht möglich ist.

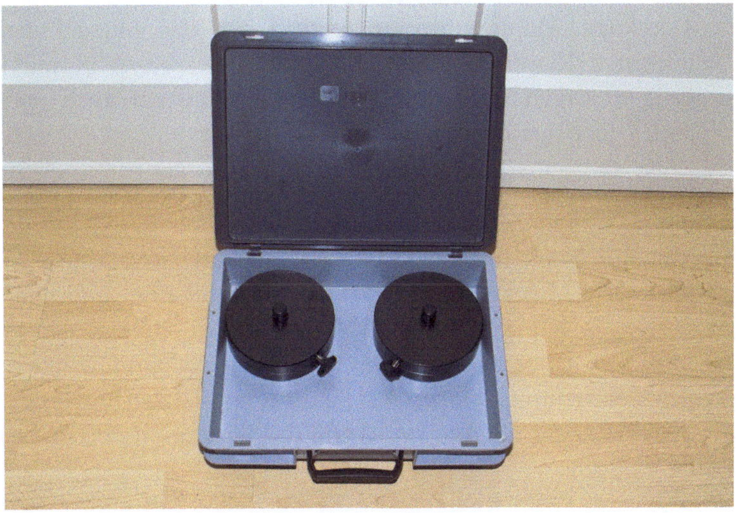

Bild 39: Transportkoffer für die Ausgleichsgewichte 2x 5kg.

Für den Transport im Auto kann dieser schwere Koffer in der Box mit dem Teleskoptubus verstaut werden, wo es dafür ein mit Balken abgesichertes robustes Staufach gibt.

Fototasche für die empfindlichen Elektronikteile:

Die Handbedienung mit dem Computer der GO-TO Steuerung sowie alle Verbindungskabel und das Stromversorgungskabel der Montierung werden zusammen mit anderen empfindlichen Elektronikteilen, der CCD-Kamera, dem GPS Empfänger, sowie dem *Notebook*-Zubehör in einer gut gepolsterten ehemaligen Fototasche transportiert.

Das massive Stativ mit Chromstahlrohren kann problemlos ohne eine Verpackung im Auto transportiert werden.

Transport im Auto:

Alle diese speziellen Verpackungen dienen im Endeffekt dazu, meine gesamte Ausrüstung sicher und unbeschädigt im Auto zu meinen Beobachtungsstandorten transportieren zu können.

Am Anfang hatte ich alle meine astronomischen Geräte wie Teleskope, Montierung und Stativ sowie das ganze Zubehör inklusive Klapptisch, Stühle und Zeltsternwarte in meinem Geländewagen transportiert. Damit konnte ich auch extrem abgelegene Standorte erreichen.

Heute mache ich das mit meinem komfortabel grossen Kombi mit noch mehr Stauraum hinten.
Mit dem Sonnenschirm aus dunklem Stoff schütze ich mein schwarzes Teleskop tagsüber vor Überhitzung und Nachts verwende ich ihn als Blendschutz gegen etwaige störende seitliche Lichter oder Lampen in der unmittelbaren Umgebung des Beobachtungsplatzes, z. B. die Parkplatzbeleuchtung auf dem Wildberg solange am Abend das Restaurant noch geöffnet ist.

Bild 40: So wird meine gesamte Teleskopausrüstung heutzutage sicher im Kofferraum meines Kombis transportiert (Stand 2020).

Kapitel 11: Inbetriebnahme des neuen Teleskops

Bei der Erstinbetriebnahme sind vorab einige Kalibrierarbeiten tagsüber zu erledigen, sonst kann das Teleskop hinterher nicht zur präzisen Beobachtung in der Nacht eingesetzt werden.

26. März 2011

Sucherteleskop justieren

Das Sucherteleskop, welches zum leichteren Auffinden von Objekten parallel zum Haupttubus montiert ist, muss zuerst mittels eines terrestrischen Zielobjektes mit dem Teleskop in Übereinstimmung gebracht werden. Ich mache diesen Abgleich wie bei meinem ersten kleineren Teleskop wieder auf dem Eppenberg südlich von Uzwil und verwende dazu wie beim letzten Mal die Kirchturmuhr von Bichwil als Zielobjekt, welches in einer Entfernung von ca. 1500 m Luftlinie liegt.

Nun gilt es die Turmuhr, welche als rundes Objekt besonders gut geeignet ist, mit der Bedienungssteuerung ins Zentrum des Okulars zu rücken. Dabei darf die GO-TO Steuerung aber nicht kalibriert sein, das heisst nicht im Nachführ-Modus arbeiten, denn sonst würde das terrestrische Ziel immer aus dem Sichtbereich weglaufen wegen der dabei aktiven Erdrotations-Kompensation, die für ein Ziel auf der Erde ja nicht benötigt wird.

Mit den drei kleinen Justierschrauben am Sucherteleskop wird anschliessend das Fadenkreuz des Sucherfernrohrs ebenfalls auf das Zentrum der Turmuhr ausgerichtet. Nun ist die Sicht auf ein Objekt durch das Sucherteleskop sowie durch das Teleskop absolut parallel. Das Sucherteleskop ist kalibriert.

Bild 41: Justierung des Sucherfernrohrs mit Zielobjekt.

Test der CCD-Kamera

Nun, da das Ding schon mal bei Tageslicht aufgebaut und ausgerichtet ist, mache ich gleich auch noch einen Test der CCD-Kamera *Solar System Imager*, welche ich anstelle des 1.25″ Okulars auf den Zenitspiegel stecke und via USB2.0 mit meinem *Netbook* verbinde, wo ich das AMCap Programm für die Omegon Kamera starte.

Wow, funktioniert perfekt und das Bild auf dem *Laptop* sieht schon echt gut aus! Es ist allerdings horizontal gespiegelt (seitenverkehrt), aber das ist bei Teleskopen mit Zenitspiegel normal. Nun sollte der Astrofotografie also nichts mehr im Weg stehen.

27. März 2011

Polsucher justieren

Das kleine Polsucherfernrohr, welches direkt im Zentrum der Rektaszensionsachse montiert ist und zum korrekten Einstellen der Polhöhe dient, muss zuerst zentrisch auf diese Achse ausgerichtet werden. Dieser Abgleich kann auch ohne den Teleskoptubus gemacht werden. Das Polsucherfernrohr wird hinterher auch nicht mehr verstellt. Es ist mit entsprechenden Schutzkappen vorne und hinten versehen, die jeweils nach dem genauen Ausrichten der Montierung auf den Polarstern bzw. den Himmelsnordpol wieder aufgesetzt werden.

Diesen Abgleich habe ich heute auf unserem Balkon mit dem Kirchturm der Katholischen Kirche in Niederuzwil gemacht und dabei das Kreuz als geeignetes Zielobjekt verwendet.

Schritt 1:

Zuerst muss man den Index der Rektaszensionsachse (RA) in die Grundstellung bringen. Dann die Deklinationsachse (DE) so stellen, dass der Polsucher auf Durchsicht steht (Markierung 2).

Schritt 2:

RA-Zeitskala in die 0-Stellung bringen und fixieren (einrasten ins Loch).

Schritt 3:

Polsucherfernrohr so drehen, dass der Strich des Fadenkreuzes mit dem Einstellkreis für den Polarstern präzise senkrecht unterhalb des Fadenkreuzes liegt.

Diese Einstellung entspricht genau dem Zeitpunkt 10. Oktober 00:00h GMT oder 01:00 MEZ. Sie ist wichtig, damit die Zeitskala der Rektaszensionsachse mit dem Polsucher übereinstimmt und später die korrekte Einstellung des Polsuchers ermöglicht.

Bild 42: Justiervorgang mit Sicht durch das Polsucherfernrohr für die Grundeinstellung der Rektaszensionsachse (Schritt 3).

Schritt 4:

Zentrierung des Fadenkreuzes durch Abgleich mit den Justierschrauben des Polsucherfernrohrs mittels links/rechts Rotation der Rektaszensionsachse zur Überprüfung. Erst wenn sich das Fadenkreuz bei der Rotation nicht mehr von Zielobjekt (Kreuz des Kirchturms) entfernt, dann stimmt die Zentrierung des Polsucherfernrohrs genau.

Bild 43: Rotationstest mit Sicht durch das Polsucherfernrohr (Schritt 4).

2. April 2011

Ersteinsatz des neuen Teleskops

Mein neues Celestron SC 235 AS-GT Teleskop hat heute seinen Ersteinsatz am Standort der AVA Sternwarte bei Gossau SG.

Koordinaten: 9° 17' 0.6" Ost, 47° 25' 32.5" Nord, Höhe: 727 m

Ich habe mir absichtlich diesen Ort für den Ersteinsatz (*first light*) ausgewählt, weil es dort eine grosse nivellierte Plattform gibt und auch einen zuschaltbaren Aussenscheinwerfer für die Beleuchtung, was von Vorteil ist, wenn man noch nicht alle Teile des Teleskops im Dunkeln beherrscht.

Um 19:30h beginne ich, zusammen mit meiner Nichte, den Aufbau von Stativ, Montierung und Teleskop. Wir müssen noch warten, bis es dunkel genug ist, um dann die Montierung mittels Polsucherfernrohr auf den Polarstern auszurichten.

Dann wird das eigentliche Schmidt-Cassegrain Spiegelteleskop (Tubus) aufgesetzt, die zwei Gegengewichte montiert und die Feinjustierung auf den Himmelsnordpol vorgenommen. Ich erspare mir das Durchforsten der Betriebsanleitung zum Einstellen von Position, Uhrzeit und Datum und lasse mir von einer Vereinskollegin dabei helfen, welche heute Abend auch das schöne Wetter für Beobachtungen mit ihrem Celestron C11 Teleskop bei der AVA Sternwarte nutzt.

Nachdem alles Notwendige genau eingestellt und nochmals kontrolliert ist, mache ich eine 2-Stern Kalibrierung mit den vom Handterminal vorgeschlagenen Fixsternen, um mich dann dem eigentlichen Objekt, das ich heute sehen möchte, zu widmen, dem Saturn, denn bei der Vorbereitung zuhause am PC mittels *Stellarium* Programm hatte ich gesehen, dass der Saturn heute Abend sichtbar ist.

Also GO-TO Saturn, ein bisschen nachkorrigieren und da ist der Beringte ja auch schon im Okular sichtbar. Meine Nichte ist total begeistert. So prächtig habe ich den Saturn noch nie in einem eigenen Teleskop gesehen. Er ist im 25 mm E-Lux Okular sehr gut zu erkennen.

Bild 44: Ersteinsatz meines neuen SC 235 Teleskops (*first light*).

Nun gilt es aber ernst und ich ersetze das 25 mm Okular durch meine *Omegon* CCD-Planetenkamera, welche ich vorher via USB mit dem neuen *Netbook* verbunden und überprüft habe.

Meine gesamten elektrischen Installationen, nämlich die Teleskopsteuerung mit 12VDC und das *Netbook* via Netzteil an 230VAC, laufen heute völlig autonom mit der Energie aus meiner neuen *PowerBox*, denn ich will wissen, ob die Energie des 28Ah Akkus für einen ganzen Beobachtungsabend genügt.

AMCap Programm starten und den richtigen Kameraanschluss am USB wählen und schon erscheint der Saturn am Bildschirm. Allerdings ist das Bild heute ziemlich unruhig, denn der Saturn steht an diesem Abend ziemlich tief über dem Horizont und das ausgerechnet auch noch über der Stadt St. Gallen, was leider zu Luftturbulenzen führt und das *Seeing* verschlechtert. Das erkennt man auf dem leicht nervösen 10s AVI Video der Farb-CCD-Kamera *Solar System Imager* beim Testen am *Netbook*.

Ich mache zwei Videosequenzen mit je 300 Bildern und hoffe, dass ich mit der nachträglichen Bildbearbeitung mittels der *RegiStax* Software doch noch einiges mehr herausholen kann.

3. April 2011

Bildbearbeitung zuhause

Das Resultat für einen Ersteinsatz von Teleskop, preiswerter CCD-Kamera und Software darf sich durchaus sehen lassen auf meinem ersten selbstgemachten Astrofoto des Saturns.

Bild 45: Mein erstes Planetenfoto vom Saturn.

Ich bin mit dem Ersteinsatz meines neuen Teleskops mehr als zufrieden, habe ich es doch gleich auf Anhieb geschafft, ein farbiges Astrofoto des Saturns zu schiessen. Ich bin total happy.

Ein Vereinskollege, der ein richtiger Experte ist, was die Astrofotografie anbelangt, erklärt mir, dass es sehr schwierig sei, Planeten zu fotografieren, die zu nahe am Horizont stehen, wegen der dort erhöhten Luftturbulenz. Besser sei es, einen Zeitpunkt zu wählen, wenn sie höher an Nachthimmel stehen. Um ein grösseres Bild zu bekommen, das auch eine bessere Auflösung der Bilder mit der Kamera ermöglicht, sei es ratsam, eine Barlow-Linse mit 2-facher Vergrösserung zu verwenden.

Okularkoffer

Da bei der Grundausstattung meines neuen Teleskops SC 235 AS-GT nur ein einziges 25 mm Okular mitgeliefert wurde, habe ich mich später entschlossen, einen Celestron Okularkoffer mit zusätzlichen Okularen und Filtern zu kaufen.

Ich habe den Standardkoffer noch um folgendes ergänzt:

- Originalokular des Celestron SC 235 32 mm E-Lux
- Fadenkreuzokular Celestron 12.5 mm mit dimmbarem LED-Rotlicht zur Zentrierung des Bildes für Kameras
- Reserve-Adapter für Monorail-Auszug T2 zu SC (damit der Celestron *Reducer/Flatner* hinter dem Monorail-Auszug aufgeschraubt werden kann)

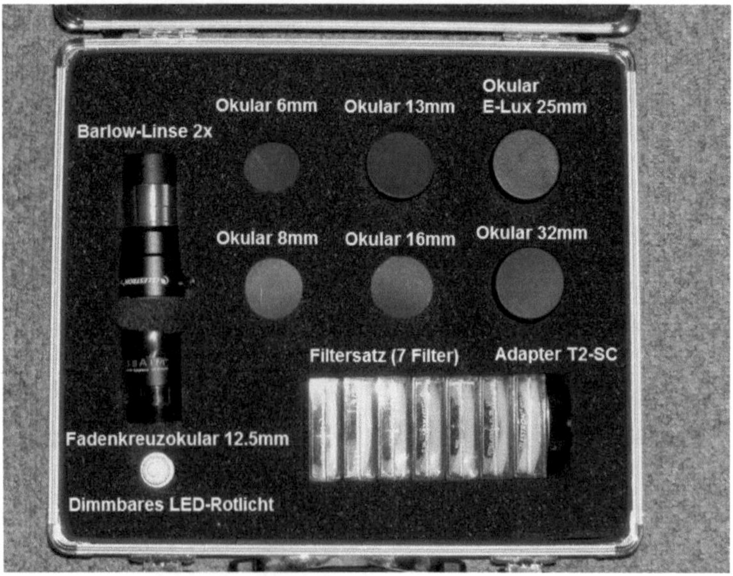

Bild 46: Okularkoffer mit Barlow-Linse, Filtern und Zubehör.

Berechnungsbeispiel der Vergrösserung durch Okulare:

Brennweite meines Teleskops / Brennweite des Okulars,
2350 mm / 25 mm = Vergrösserung 94x (mit Okular 25 mm).

Kapitel 12: Astrofotografie

9. April 2011

Astrofotografie auf dem Wildberg

Auf meinem inzwischen bevorzugten Beobachtungsstandort, dem Wildberg bei Jonschwil, stelle ich heute mein Celestron SC 235 AS-GT zum ersten Mal ins Freigelände auf der Wiese.

Position: 9°6'7.27" Ost, 47°24'58.21" Nord, Höhe: 795m

Beobachtungsprogramm:

Ich habe mir für heute Nacht einiges vorgenommen und dazu ein Beobachtungsprogramm zusammengestellt. Ich möchte den zunehmenden Mond, den Saturn und einige Sternhaufen sowie den Orionnebel ins Visier nehmen. Ich beginne mit dem Aufstellen um ca. 19:15h und gehe anschliessend zum Essen ins Restaurant Wildberg, wo ich später bei einem Kaffee auf die Dunkelheit warte.

Ausrichtung nach Norden:

Zuerst stelle ich nur das Stativ auf und richte dessen Metallstift für die Azimuteinstellung mit dem Kompass nach Norden aus. Dann setzte ich die AS-GT Montierung auf und nivelliere das Stativ mit der Kreislibelle, welche gut sichtbar in der Montierung eingebaut ist.

Ausrichtung auf den Himmelsnordpol:

Für die Ausrichtung des Polsucherfernrohrs auf 'Polaris' muss ich warten, bis es dafür dunkel genug ist, deshalb Kaffeepause. Als ich dann eine Stunde später diese Einstellung vornehmen will, ist der Polarstern leider nur schwach zu sehen wegen einigen dünnen Schleierwolken und die Justierung von Azimut und Polhöhe gestaltet sich schwierig. Deshalb stelle ich meine Montierung möglichst genau auf die Indexmarken, setze den Teleskoptubus auf und montiere die Gegengewichte. Nun kann ich den Polarstern durch das Zielfernrohr und das Teleskop betrachten und so erst einmal eine Grobeinstellung mittels den Justierschrauben für den Azimut und die Polhöhenverstellung vornehmen. Für die Feinjustierung löste ich die Klemmung der Deklination und drehe das Teleskop bis zur der speziellen Markierung, welche dann die Durchsicht durch das eingebaute Polsucherfernrohr freigibt. Nun wird die RA-Achse auf Datum und Uhrzeit eingestellt, damit die effektive heutige Position des Polarsterns im kleinen Kreis des Polsucherfernrohrs justiert werden kann und somit die Polausrichtung komplett ist.

Bild 47: Einstellung von Datum und Uhrzeit für den 'Polaris'-Abgleich.

Einstellungen der Handsteuerung:

Ich habe mir eine Checkliste gemacht, nach welcher ich nun schrittweise die *NexStar* Handsteuerung konfiguriere.

Checkliste:

Standort aus Tabelle wählen:	Zürich (reicht für Beobachtung) oder Standort-Koordinaten
Aktuelle Uhrzeit eingeben:	normale Ortszeit
Daylight Saving wählen:	Sommerzeit (momentan aktiv)
Zeitzone wählen:	1 (1h östlich von Greenwich)
Aktuelles Datum eingeben:	heutiges Datum (MM-TT-YY) (amerikanische Darstellung)

Zwei-Sterne Kalibrierung:

Nun ist die Steuerung bereit für die 2-Sterne Kalibrierung. ACHTUNG: Bloss jetzt die Stromversorgung NICHT mehr ausschalten, weil sonst kann man wieder mit der ganzen Eingabeprozedur von Datum und Uhrzeit beginnen, denn leider hat die Steuerung keine gepufferte RTC. Mit einem zusätzlich anschliessbaren GPS-Modul liesse sich diese ganze Prozedur vermeiden, denn dann würden die notwendigen Daten von Position, Zeit und Datum automatisch übernommen. Also nun zum 2-Sterne Abgleich. Vorgeschlagen werden heute von der GO-TO Steuerung 'Sirius' (SSW) und 'Capella' (WNW). Nach Bestätigung fährt die Montierung zuerst auf den 'Sirius'. Dort mache ich mit der Handbedienung die Einmittung auf das Fadenkreuz im Zielfernrohr und kontrolliere, ob dieser Stern auch in der Okularmitte steht, dann das *Alignment* bestätigen. Wäre das nicht der Fall, so müsste man das Zielfernrohr nachjustieren. Anschliessend fährt die Montierung 'Capella' an, wo ich die gleiche Prozedur wiederhole und wieder mit ALLIGN bestätige. So, nun kann das 'Astrosurfen' losgehen.

Meine selbst gebaute mobile Energieversorgung mit einem grossen 12V/28Ah Gel-Akku, welche mit 12VDC die gesamte Teleskopsteuerung und die kleine Orientierungslampe auf dem Okularteller speist, sowie über den 230VAC Wechselrichter das *Notebook*-Netzteil oder bei Bedarf auch noch eine helle Leuchtstoffstablampe versorgt, hält problemlos für die ganze Nacht durch. Damit bin ich nun völlig unabhängig von irgendwelchen örtlichen 230V Steckdosen und Kabelrollen. Ich habe dank dieser 230V Lampe auch noch genügend Licht, um am Schluss alles wieder sauber aufzuräumen.

Folgende Objekte kann ich heute Nacht mit meinem Teleskop erfolgreich anpeilen und beobachten:

1. Den zunehmenden Mond mit herrlichen Kontrasten und Schatten (siehe nachfolgende Detailaufnahmen).

2. Planet Saturn, der mit den Ringen.

3. Messier Objekt M3 Kugelsternhaufen (NGC 5272)

4. Messier Objekt M5 Kugelsternhaufen (NGC 5904).

5. Messier Objekt M13 grösster Kugelsternhaufen auch 'Herkuleshaufen' genannt (NGC 6205).

6. Messier Objekt M42 Grosser Orion-Nebel (NGC 1976).

7. Messier Objekt M44 Offener Sternhaufen (NGC 2632).

Mondfotografie:

Für die Mondaufnahmen habe ich meine *Omegon* CCD-Kamera aufgesteckt und ein AVR-Video von ungefähr 120s mit 30 Bildern/Sekunde aufgezeichnet (Dateigrösse 2.36Gbyte).

Weil es heute wegen der Bise relativ windig ist, sind meine Videoaufzeichnungen ziemlich verwackelt, aber es gibt ja gute Nachbearbeitungssoftware auf dem *Tower*-PC zuhause, z. B. das Programm *RegiStax*. Damit werden dann die besten Bilder automatisch ausgewählt und zu einem Bild kombiniert.

10. April 2011

Bildbearbeitung zuhause:

Diese relativ grossen Datenmengen bestehend aus 2790 Bildern (93 Sekunden AVI-Video mit 30 Bildern/Sekunde) habe ich am darauffolgenden Tag zuhause auf meinem grossen *Tower*-PC mit dem Programm *RegiStax* bearbeitet und dabei festgestellt, dass es den 'Mann im Mond' wirklich gibt, nur dass der eben im Sand versunken ist und nun nur noch sein Vorderfuss mit den ersten drei Zehen aus dem Mondstaub ragt (meine Interpretation). Meine Frau als Pedicure war begeistert davon.

Bild 48: Detailaufnahme des Mondes mit Omegon CCD-Kamera *Solar System Imager* nach der Bearbeitung der 120s AVR-Videosequenz mit dem *Stacking*-Programm *RegiStax* und nachträglich überarbeitet mit Bildbearbeitung *Corel Foto Paint Essentials3*.

Das Bild ist ein Ausschnitt aus dem Gebiet des 'Mare Nectaris' mit den Kratern 'Theophilus' (der mit dem Fuss), 'Cynlius', 'Catharina' und 'Fracastonus' (Hufeisenkrater).

2. August 2011

Astrofotografie am Standort Heiterswil

Da der ideale Standort bei der Sternwarte Heiterswil heute leider nicht zugänglich ist, weil ein Kuhzaun die Zufahrt versperrt und die Kühe auch jede Menge Hinterlassenschaften auf dem Weg hinauf zur Sternwarte platziert haben, habe ich zuerst zu Fuss die Umgebung nach einem brauchbaren Ersatzstandort durchkämmt und dabei eine frisch gemähte Wiese gefunden, von wo aus der Himmel ziemlich frei ist.

Nur die zwei grossen Bäume schränken die Sicht in östlicher Richtung ein wenig ein, aber bei etwas höher stehenden Objekten am Himmel ist das schon kein Hindernis mehr. Dank meinem Geländewagen ist es überhaupt kein Problem meine ganze Ausrüstung direkt bis zum Standort zu fahren.

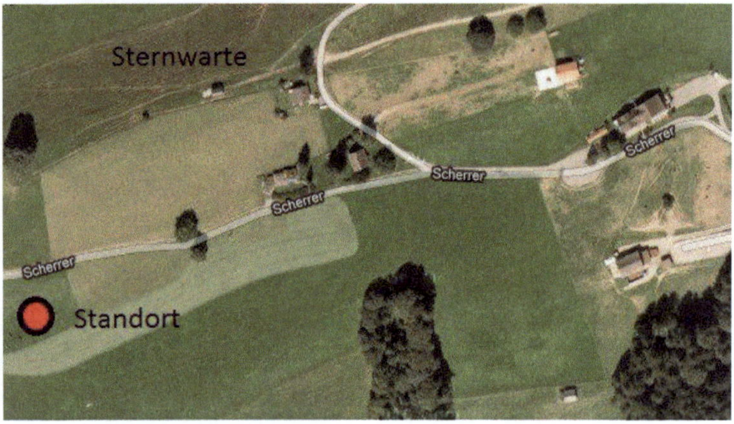

Bild 49: Standort in der Wiese beim 'Scherrer' Heiterswil.

Beobachtungsliste:

Über ein Dutzend Objekte, gemäss meiner im Vorfeld erstellten Beobachtungsliste, will ich heute Nacht mit meinem Schmidt-Cassegrain Teleskop SC 235 AS-GT anpeilen und beobachten. Ich werde versuchen auch einige Fotos zu schiessen. Diesmal möchte ich meine Sigma Digital-Spiegelreflexkamera einsetzen.

Objektliste der geplanten Beobachtungen:

Objekt	Art	Nummer	Uhrzeit	Richtung	Okular	Foto
Andromeda	Galaxie	M31	23:00h	50° NO	32mm	
Dreiecksgalaxie	Galaxie	NGC604	23:30h	61° ONO	25mm	
Kugelsternhaufen	Sternhaufen	M22	23:45h	185° S	25mm	
Adlernebel	Nebel	M16	0:00h	195° SSW	25mm	
Omeganebel	Nebel	M17	0:15h	200° SSW	25mm	
Trifidnebel	Nebel	M20	0:30h	200° SSW	25mm	
Lagunennebel	Nebel	M8	0:45h	208° SSW	25mm	
Kugelsternhaufen	Sternhaufen	M5	01:00h	260° W	13mm	SD9
Kugelsternhaufen	Sternhaufen	M10	01:30h	243°WSW	13mm	
Kugelsternhaufen	Sternhaufen	M3	01:45h	310° NW	13mm	
Bodes Galaxie	Galaxie	M82	02:00h	352°WNW	25mm	
Bodes Galaxie	Galaxie	M81	02:00h	351°WNW	25mm	
Jupiter	Planet		02:15h	82° O	17mm	SD9

Die riesige Andromeda Galaxie (Messier Bezeichnung M31) mit einem Durchmesser von etwa 200'000 Lichtjahren und einer Entfernung zur unserer Galaxie der Milchstrasse von sage und schreibe 2.5 Millionen Lichtjahren, kann mit der momentanen Einrichtung meines Teleskops noch nicht fotografiert werden, denn sie ist schlichtweg viel zu gross und würde so auf kein Bild passen. Der sichtbare Bereich der Andromeda mit zirka 200'000 Lichtjahren Durchmesser ist in etwa so gross, wie zwei Vollmonde nebeneinander und konnte früher, als es noch dunkel genug war (keine Lichtverschmutzung), von blossem Auge am Nachthimmel erkannt werden.

Die Nebel M16, M17, M20 und M8 sind etwas schwierig zu erkennen, weil sie leider relativ dunkel sind. Der Omeganebel M17 ist aber wegen seinem hellen Band mit dem Teleskop durch das Okular gut erkennbar. Der Lagunennebel M8 ist mit dem Auge am Okular kaum erkennbar. Er ist leider auch zu dunkel.

Die meisten Nebel sind für die Beobachtung mit dem Auge ein grundsätzliches Problem, weil sie in der Regel viel zu dunkel sind. Da hilft nur das Fotografieren mit Langzeitbelichtung.

Den Kugelsternhaufen M5 versuche ich heute mit meiner Digital- Spiegelreflexkamera Sigma SD9 zu fotografieren. Dazu verwende ich einen *Omegon* 1.25" Kameraadapter, welcher auf der anderen Seite ein T2 Gewinde hat. Um diesen an der SD9 Digitalkamera zu montieren, braucht es einen Adapter vom Sigma SD-Bajonett auf T2 Standard, den es leider nicht gibt. Meine Ausweichvariante ist, zuerst von SD-Bajonett auf M42 (Russengewinde), und dann mit einem Gewindeadapter auf T2. Nur habe ich leider bei der Montage der ziemlich schweren SD9 Kamera das Teleskop verschoben und deshalb muss ich die ganze Kalibrierung nochmals von neuem beginnen. Dann klappt es aber doch noch. Nun sollte man im Sucher der Spiegelreflexkamera erst einmal den Kugelsternhaufen sehen....

.... denkste, alles absolut unscharf und das Drehen an der Fokusschraube des Teleskops bringt vorerst auch keinen Erfolg.

Erst als ich geduldig zuerst noch einmal ein 13 mm Okular aufsetzte und dann fokussiere, klappt es dann auch mit der Kamerascharfeinstellung. Nur auf dem Foto ist leider nicht viel zu sehen.

Es scheint so, dass sie maximale Dauerbelichtungszeit der SD9 Digitalkamera im Bulb-Modus von lediglich 15 Sekunden für Astrofotografie bei 100 ASA Empfindlichkeit zu knapp ist und der Bulb-Modus funktioniert leider eben nur bei 100 ASA.

Die Langzeitaufnahme wird mittels Funkfernsteuerung und Spiegelvorauslösung gemacht, um Vibrationen an der Kamera während der Belichtung zu vermeiden.

Ich versuche es dann noch mit dem Planeten Jupiter, welcher heute allerdings relativ tief im Osten hängt, mir aber für ein Foto hell genug scheint. Zuerst habe ich eine Aufnahme mit der USB Farb-CCD-Kamera *Solar System Imager* versucht, mit welcher ich bereits früher erfolgreich Aufnahmen vom Saturn und dem Mond gemacht hatte. Also warum es nicht einmal mit dem grössten Gasplaneten unseres Sonnensystems versuchen. Schliesslich ist der Jupiter bedeutend weniger weit von der Erde entfernt als der Saturn.

Doch mit dem Jupiter als relativ helles Objekt will es einfach nicht klappen, denn ich erhalte nur einen nie korrekt fokussierbaren hellen Fleck auf den Bildern. Ich hätte es wohl mit den Filtern, welche ich im Okularkoffer habe, versuchen sollen.

Stattdessen mache ich nochmals einen Versuch mit der SD9 Spiegelreflexkamera.

Gemäss der CCD-Vorkalkulation mittels Ron Wodaski's CCD-*Calculator*, den ich auf meinem *Laptop* installiert hatte, sollte sich der Jupiter mit samt seinen vier Hauptmonden von der Vergrösserung meines Teleskops her problemlos auf dem CCD-Sensor der SD9 Spiegelreflexkamera abbilden lassen.

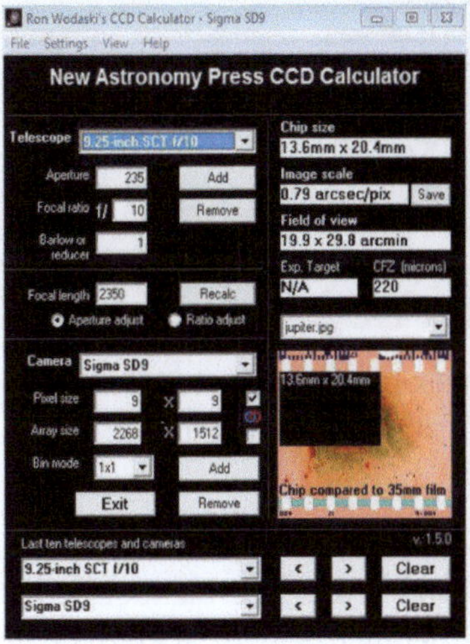

Bild 50 und 51: Ron Wodaski's CCD-*Calculator* für *Windows*.

Leider habe ich es aber mit der Scharfeinstellung wohl ein bisschen verpasst. Trotz allen sieht man eine schöne Konstellation seiner Monde 'Ganymed' und 'Io,' die direkt übereinander zu liegen scheinen. Der Mond 'Europa' ist nahe beim Jupiter und der Mond 'Kallisto' ist der am weitesten entfernte heute Nacht, was auf dem Bild 52 auf der folgenden Seite gut zu erkennen ist.

Nach der Bildbearbeitung am PC zuhause mit dem Programm *Sigma Photo Pro* 2.0, welches benötigt wird, um die Rohdaten der Bilder der Sigma Kamera im X3F Format in Standard-Bildformate wie BMP, TIF oder JPG umzuwandeln, ist der Jupiter leider immer noch viel zu hell und hat auch zu wenig Kontrast.

Bild 52: Aufnahme des Jupiters und seiner vier Hauptmonde Monde mit Digital-Spiegelreflexkamera Sigma SD9.

Weil ich mit dem Teleskopadapter keine Blendeneinstellung vornehmen kann, sind die Bilder etwas überblendet. Ich hätte eine kürzere Belichtungszeit nehmen sollen, aber dann hätte man eventuell die vier Jupitermonde nicht mehr gesehen.

Zudem gab es Schwierigkeiten mit dem Dunkelrauschen des CCD-Sensors bei der Langzeit Aufnahme, was im Endeffekt zu jeder Menge grüner *Pixel* führte. Bessere Aufnahmen währen sicher möglich mit einer reinen CCD-Astrokamera, die speziell für Langzeitbelichtungen ausgelegt ist.

Also ist jetzt ab sofort sparen angesagt, damit ich mir so eine Spezialkamera für die Astrofotografie eines Tages leisten kann.

14. August 2011

Astrofotografie auf dem Wildberg

Um kurz nach 20:00h beginne ich mit den Aufstellarbeiten auf dem Wildberg. Nachdem alles betriebsbereit ist, gehe ich zum Einkehren ins Restaurant, um die Dunkelheit abzuwarten, damit ich anschliessend noch meine Kalibrierarbeiten beenden kann und das Teleskop dann einsatzbereit ist.

Leider ziehen trotz anders lautender Wetterprognose dann doch noch hohe Schleierwolken auf und meine Geduld wird hart auf die Probe gestellt, bevor ich mich mit dem Vollmond beschäftigen kann.

Planetenkamera:

Mit der Omegon CCD-Planetenkamera können, wie der CCD-*Calculator* zeigt, wegen des kleinen CCD-Chips mit 3.9x5.2 mm, nur Detailaufnahmen des Mondes gemacht werden (Rahmen).

Bild 53: Kamerasimulation Mond mit *Omegon* Planetenkamera.

Hier sind einige dieser Detailaufnahmen des Vollmondes. Diese Bilder der CCD-Kamera müssen um 180°gedreht werden, um die echte Ansicht des Mondes zu sehen. Oder die Kamera müsste einfach um 180° gedreht am Teleskop montiert werden, nur dann wäre der Kabelabgang nach oben statt nach unten.

Bild von der Mondkante:

Der Krater 'Langrenus' und das 'Mare Spumans' (Bärentatzenförmig) befinden sich eigentlich auf der rechten Seite des Mondes.
Die Aufnahme ist allerdings bedingt durch das Schmidt-Cassegrain Teleskop ohne Zenitspiegel um 180° gedreht.

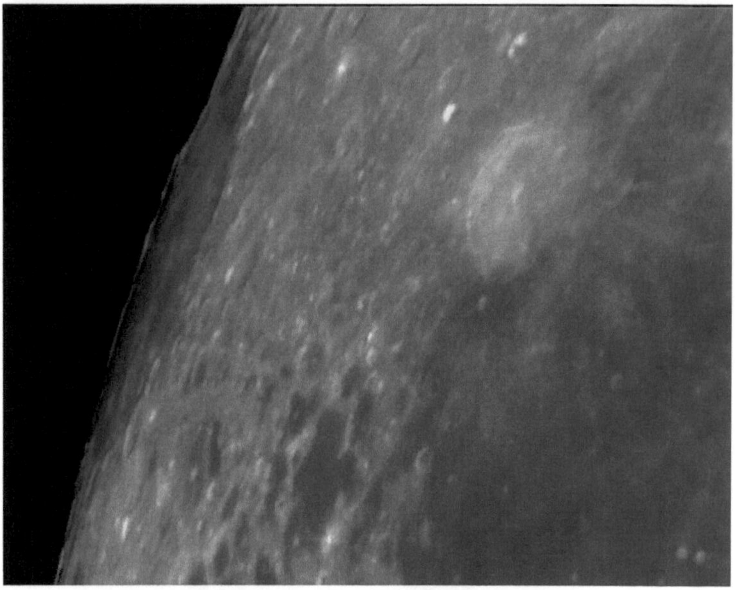

Bild 54: Aufnahme *Omegon Solar System Imager*, 92 Sekunden AVI Video bei 30 Bilder/s, mit Mondfilter ND 0.9 aus dem Okularkoffer, Auflösung 640x480, Rohdaten 2.33 GByte. Nachträgliche Videobearbeitung am Computer zuhause mit dem Programm *RegiStax* V5 Beta. Bildbearbeitung mit den Programmen *IrfanView* 4.28 sowie *ACDsee* 3.1b.

Man kann sehr gut die Erhöhung eines Kraterrandes am linken Bildrand erkennen.

Die Planetenkamera kann, bedingt durch die Vergrösserung, für die der relativ kleine CCD-Sensor verantwortlich ist, nur einen ziemlich kleinen Ausschnitt des Vollmondes ablichten.

Der markante grosse Krater 'Plato' (Bild um 180° gedreht).

Bild 55: Aufnahme *Omegon Solar System Imager*, 93 Sekunden AVI Video bei 30 Bilder/s, diesmal ohne Filter, Auflösung 640x480, Rohdaten 2.35 GByte. Videobearbeitung am Computer zuhause mit dem Programm *RegiStax* V5 Beta. Bildbearbeitung mit *IrfanView* 4.28 sowie *ACDsee* 3.1b.

Spiegelreflexkamera:

Dann habe ich es noch mit der Digital-Spiegelreflexkamera Sigma SD9 und dem Teleskopadapter probiert, um einen grösseren Ausschnitt des Vollmondes auf das Bild zu bannen. Aufgrund der Helligkeit des Mondes ist die Belichtungszeit der Digital-Spiegelreflexkamera dafür ausreichend.

Dummerweise hatte ich das letzte Mal vergessen den kleinen Empfänger des Funkfernauslösers auszuschalten und nun ist dessen Batterie leer. Ich habe dann stattdessen an der Kamera den Selbstauslöser-Timer mit 10s benutzt, um die Finger nicht am Apparat zu haben, wenn das Bild gemacht wird, denn dies sollte unbedingt möglichst erschütterungsfrei erfolgen.

Bild 56: Aufnahme mit Sigma SD9: bei 100 ASA, Belichtung 1/15s mit Selbstauslöser-Timer, Auflösung auf Stufe HIGH, mit Mondfilter, Rohdaten 6.16 MByte (X3F-Format). Notwendige Bildkonvertierung am PC mit *Sigma FotoPro* 2.0. Nachträgliche Überarbeitung *Corel Photo-Paint Essentials3* und *ACDSee* V31.b.

Hier muss anschliessend keine Bilddrehung erfolgen, denn für die Spiegelreflexkamera ist das Teleskop einfach nur ein sehr grosses Teleobjektiv. Die Bilddrehung erfolgt in der Kamera.

Jupiterfotografie:

So gegen 01:30h am 14.8.2011 gelingt es mir dann zum ersten Mal mit der *Omegon* CCD-Planetenkamera *Solar System Imager* brauchbare Bilder des Jupiters zu machen.

Das erste Bild ist ein AVI-Video mit insgesamt 3600 Bildern, bei 30 Bildern/Sekunde. Es ist allerdings noch etwas zu hell, dafür erkennt man darauf einen Teil der Jupitermonde.

Dann probiere ich es mit dem Mondfilter ND 0.9 aus dem Okularkoffer, welcher direkt vorn in die *Omegon* CCD-Planetenkamera geschraubt wird. Und siehe da das hilft, weil dabei auch ein Teil des Infrarot-Anteils herausgefiltert wird.

Bild 57: Aufnahme *Omegon Solar System Imager*, 58 Sekunden AVI Video bei 30 Bilder/s, Mondfilter ND 0.9, Auflösung 640x480, Rohdaten 1.48 GByte. Videobearbeitung am PC mit *RegiStax* V6. Bildbearbeitung mit *IrfanView* 4.28.

Diese Aufnahme entspricht der Sicht der Kamera (um 180° gedreht). Man kann sogar den Schatten des Jupitermondes 'Ganymed' an der Kante erkennen. Die fotografierte Situation lässt sich später mit der PC-Planetarium *Stellarium* zeitgenau rekonstruieren und beweisen. Dazu habe ich den Zeitpunkt der Darstellung im *Stellarium* genau auf die Zeit der Aufnahme zurückgedreht. Um die Sonne nachts um halb zwei sichtbar zu machen, habe ich einfach den Horizont ausgeblendet.

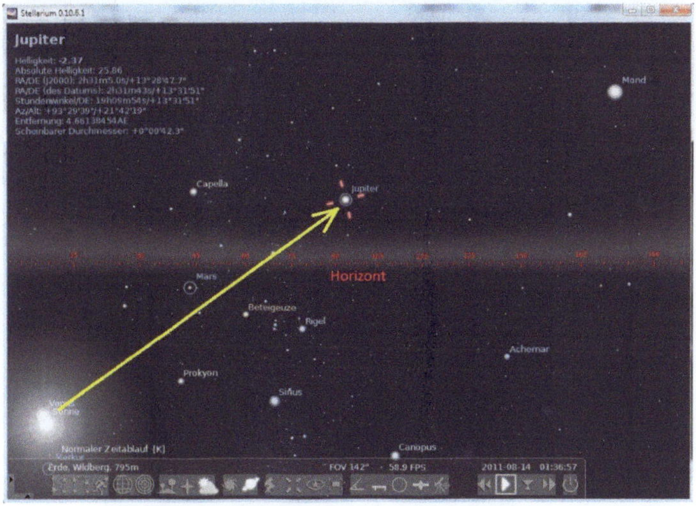

Bild 58: Nachträgliche *Stellarium* Simulation dieser Jupiter Situation zum Zeitpunkt der Aufnahme (01:36:57 am 14.8.2011).

Der Mond Ganymed läuft in dieser Nacht im unteren Bereich vor dem Jupiter durch und wirft seinen Schatten demzufolge an dessen unteren Rand darauf.

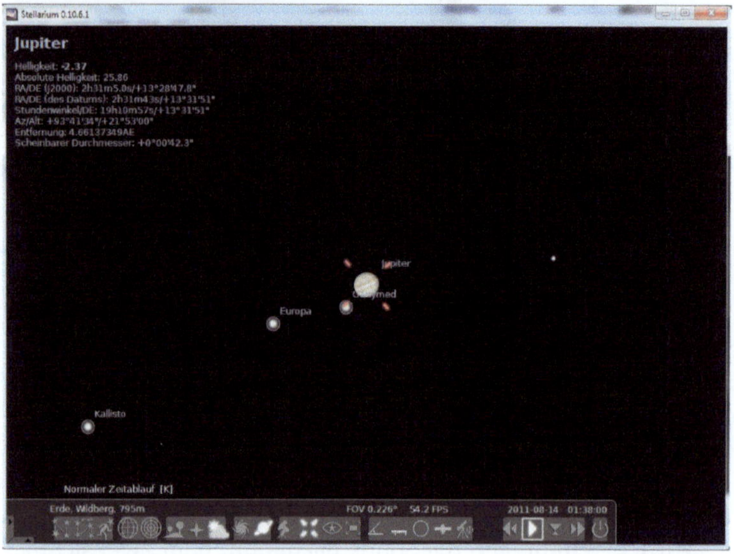

Bild 59: Jupiter-Simulation mit *Stellarium* zum Zeitpunkt der Aufnahme (01:38:00 am 14.8.2011). Bild mit Zoom vergrössert.

Mondschatten auf dem Jupiter (roter Pfeil) gebildet durch den Einfall des Sonnenlichtes (gelber Pfeil). Dazu musste das Bild der Kamera um 180° gedreht werden. Nun passt es genau mit der *Stellarium* Simulation zusammen.

Bild 60: Sonnenlicht (gelb), Mondschatten von Ganymed (rot)

Kapitel 13: Astrokameras und Zubehör

3. Juni 2011

Ich nutze die 'Zeit der zu kurzen Nächte' im Sommer zu Vorbereitungen für die Astrofotografie, damit ich bereit bin, wenn die Nächte wieder länger und kühler werden.

Ich habe mir zum Ziel gesetzt, meine bestehende digitale Spiegelreflexkamera Sigma SD9 so weit wie möglich auch für die Astrofotografie einsetzen zu können.

Bild 61: Digital-Spiegelreflexkamera SD9, Werksbild Sigma.

Dazu braucht es allerdings noch einiges zusätzlich an Zubehör.

Folgendes Zubehör wird dazu benötigt:

- Kameraadapter mit 1.25" Tubus
- Okularsteckhülse für 1.25“ Tubus
- Objektivadapter für den Sigma SD-Bajonettanschluss
- Gewinde-Adapter von M42 auf T2
- Funkfernauslöser für Sigma SD9 Kamera
- *Focal-Reducer/Flatner* f/3.3
- Software: CCD-*Calculator*

Kameraadapter auf 1.25" Okularsteckhülse

An Stelle eines Okulars bzw. des Zenitspiegels, auf welchen die Okulare üblicherweise gesteckt werden, kann die digitale Spiegelreflexkamera mittels eines entsprechenden Adapters direkt in eine 1.25" oder 2“ Steckhülse geschoben werden.

Einen Kameraadapter von Omegon habe ich bereits beschafft. Er hat auf der einen Seite einen 1.25" Tubus welcher in die 1.25" Steckhülse des Teleskops passt. Auf der anderen Seite ist ein T2 Gewinde (M42x0.75). Der Adapter ist zweiteilig. Der längere Tubus kann an seinem inneren T2 Gewinde abgeschraubt werden, sodass ein sehr kurzer Adapter vom 1.25" Steckteil auf den T2 Anschluss resultiert. Damit lässt sich die Brennweite an verschiedene Teleskope auf einfache Art anpassen. Das kann notwendig sein, um so in den Fokusbereich zu gelangen.

Bild 62: Zweiteiliger T2 Adapter mit 1.25" Tubus.

Objektivadapter auf den Sigma SD-Bajonettanschluss

Da die Sigma SD9 Kamera einen von Sigma eigens entwickelten SD-Bajonettanschluss besitzt, welcher leider zu keinen anderen Kameraobjektivanschlüssen kompatibel ist, benötige ich einen entsprechenden Objektiv-Adapterring vom Sigma-Bajonett auf T2. Nun gibt es aber diesen Adapter in der Form nicht. Das Einzige, was der Adaptermarkt bietet, ist einer vom Sigma-Bajonett auf M42.

Leider sind aber M42 und T2 nicht kompatibel. Das M42 Gewinde, welches auch 'Russengewinde' genannt wird, weil viele russische und Kameras aus der ehemaligen DDR diesen alten Gewindetyp verwendeten, hat eine andere Steigung mit M42x1.0 gegenüber dem T2 mit M42x0.75. Dieses kommt ursprünglich vom japanischen Objektivhersteller Tamron (T2).

Also habe ich gezwungenermassen einen Objektivadapter von Sigma SD-Bajonett auf M42 gekauft. Das ist ein extrem flacher Adapter welcher das Sigma-Bajonett SA und SD auf M42 umsetzt (M42x1.0).

Adapter von M42 auf T2

Um nun aber die Sigma SD9 Digitalkamera definitiv mit meinem grossen Teleskop zu koppeln, benötige ich noch einen zusätzlichen Adapterring, welcher das M42 'Russengewinde' (M42x1.0) auf das T2 (M42x0.75) des Okularadapters umsetzt. Diesen Adapter gibt es Gott sei Dank, denn scheinbar kommt dieses Problem der unterschiedlichen M42 Gewinde öfters vor.

Bild 63: Sigma M42 Adapter und M42 zu T2 Adapterring.

Funkfernauslöser für Sigma SD9 Kamera

Nun sollte eigentlich bei der Astrofotografie der Auslöser der Kamera nie manuell betätigt werden, denn durch das Drücken des Kameraauslösers würde sonst das Teleskop verwackelt. Ein weiteres Problem ist die Vibration an der Spiegelreflexkamera durch das Hochschnellen des Spiegels bei der Bildauslösung.

Beide Probleme können mit einem geeigneten Funkfernauslöser eliminiert werden. Der Funkfernauslöser von JJC hat eine Reichweite von bis zu 30 m und dazu noch eine wählbare Auslöseverzögerung von 0 Sekunden oder 3 Sekunden, um bei Autofokuskameras die Fokussierzeit zu vergrössern. Der Autofokus Mode kann aber, bedingt durch die Adapterringe, nicht verwendet werden und macht bei der Astrofotografie eigentlich auch keinen Sinn. Die Schärfe wird üblicherweise am Teleskop oder Auszug direkt eingestellt. Entweder manuell oder durch den Einsatz eines Autofokus-Systems. Zudem unterstützt dieser Funkfernauslöser auch die 2-Stufenauslösung genau wie beim Auslöseknopf an der Kamera selbst. Das wird benötigt, wenn die Kamera im Mode 'Spiegelvorauslösung' betrieben wird, denn durch das vorgezogene Auslösen des Kameraspiegels, kann sich dessen Vibration durch das Hochschnellen jeweils wieder beruhigen, bevor die eigentliche Belichtung des Fotos durch den *Shutter* erfolgt. Auch dieses Gerät ist bereits geliefert worden und von mir mit der SD9 Digitalkamera zuvor im 'Trockenversuch' getestet worden.

Bild 64: JJC Funkauslöser Set für Digitalkamera.

Focal-Reducer/Flatner

Um tolle Bilder der Andromeda Galaxie zu machen, hat mein Celestron Teleskop Celestron SC 235 AS-GT zusammen mit der SD9 Kamera eine viel zu grosse Vergrösserung, sodass die ganze Galaxie niemals auf einem Bild Platz hätte. Man bedenke, dass die Andromeda Galaxie am dunklen Nachthimmel so gross erscheint wie zwei nebeneinander liegende Vollmonde!

Da hilft nur eine Reduktion der Gesamtvergrösserung des Systems unter Verwendung eines sogenannten *Focal-Reducers*. Er reduziert die Brennweite, vergrössert das Bildfeld und reduziert die Belichtungszeit! Diese spezielle Linse verwandelt das optische System der f/10-Schmidt-Cassegrains in eines mit f/3.3 oder f/6.3 und ermöglicht CCD-Fotografie mit kürzeren Belichtungszeiten, da die erforderliche Belichtungszeit durch eine solche Linse um bis zu 80% reduziert werden kann.

Zum andern sollen vor allem die Unschärfen am Bildrand durch die nicht erwünschte Bildfeldwölbung eliminiert werden. Es erfordert eine Kompensation dieses durch den Spiegel bzw. die Hauptlinse verursachten Fehlers, welcher sich auf die grosse, plane Abbildungsfläche des CCD-Sensors überträgt und dort an den Rändern zu Verzerrungen führt. Beim Betrachten mit dem Auge am Okular spielt das hingegen keine Rolle.

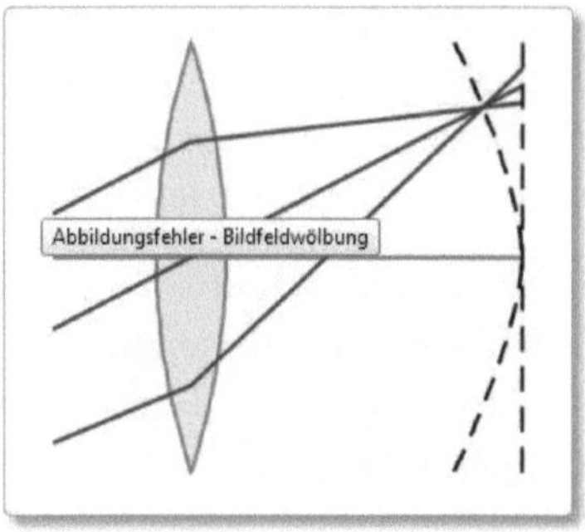

Bild 65: Abbildungsfehler am Rand bei grosser planer Fläche.

Ich werde die Astrofotografie auf Kameras mit kleinen CCD-Sensoren beschränken oder einen *Flatner* beschaffen müssen.

Software CCD-Calculator

Optimal wäre es natürlich, wenn man schon vor der Aufnahme sehen könnte, wie gross eine Galaxie oder ein Nebel auf der Digitalkamera oder CCD-Kamera abgebildet würde, denn für die rein optische Betrachtung mit dem Auge reicht oft die Helligkeit dieser Objekte nicht aus. Sie entfalten ihre wahre Schönheit erst nach dem *Stacking* Prozess von vielen Bildern am Computer zuhause.

Man muss deshalb schon vor Aufnahmebeginn die richtigen optischen Elemente von Teleskop und Adaptern kennen und die Wahl der richtigen Kamera treffen. Alles muss passend zur Grösse des abzulichtenden Objektes gewählt werden.

Genau da hilft die Software '*New Astronomy Press CCD-Calculator*' auch bekannt als 'Ron Wodaski's CCD-*Calculator'* für *Windows.*

Sie erlaubt die Betrachtung von ca. 50 ausgewählten und sehenswerten Objekten unter der Berücksichtigung von vielen verbreiteten Teleskopen und CCD-Astrokameras auch unter Anwendung verschiedener *Focal-Reducer/Flatner*.

Ist ein Teleskoptyp oder eine Digital- bzw. CCD-Kamera noch nicht erfasst, so kann man diese durch Eingabe von deren Eckdaten selbst im Programm ergänzen.

Meine Sigma SD9 Digital-Spiegelreflexkamera und meine CCD-Planetenkamera *Omegon Solar System Imager* habe ich so in diesem Programm bereits selbst erfasst.

Nun kann ich dank dieser Software bereits im Voraus die unterschiedlichsten Objekte grössenmässig so betrachten, wie sie dann später vom gewählten Teleskop und der gewählten Kamera aufgenommen werden.

Diese Möglichkeit der Bildsimulation eines Objektes basierend auf verschiedenen Teleskopen und Kameras gibt es inzwischen auch bei *Stellarium*. Zudem können dort noch verschiedene Okulare sowie verschiedene Zwischenlinsen gewählt werden, um den sichtbaren Bereich auch bei Okularen zu simulieren.

30. März 2012

Evaluierung einer neuen Astrokamera

Weil Celestron die neue gekühlte Farb-CCD-Astrokamera *NightScape* herausgebracht hat, ist natürlich auch bei mir die Lust auf eine neue Anschaffung in dieser Richtung gestiegen.

Nur ist es relativ schwierig, alle auf dem Markt angebotenen CCD-Astrokameras direkt zu vergleichen, um herauszufinden, wo ich für mein Geld die für meine zukünftigen Anwendungen beste Kamera bekomme. Zudem ist mein Budget dafür auch nicht unbegrenzt gross.

Ich möchte für den Anfang eine Farb-CCD-Kamera kaufen, weil da eben der Nachbearbeitungsaufwand bis zum definitiven Bild doch einiges geringer ist als bei einer Monochrom-Kamera mit Filterrad. Diese Profitechnik hebe ich mir für später auf.

Also habe ich alle Daten von verschiedenen Farb-CCD-Kameras gesammelt und sie in einer Excel Vergleichstabelle aufgelistet.

Bevor ich mir eine neue Farb-CCD-Kamera zur Astrofotografie anschaffe, gilt es abzuklären, welche *Performance* es für wie viel Geld gibt. Das Preis/Leistungs-Verhältnis ist mir wichtig.

Ich möchte mich zuerst in die optischen Herausforderungen der Astrofotografie einarbeiten, bevor ich mich dann mit den Besonderheiten der aufwendigeren RGB Bildnachbearbeitung befasse, das heisst, ich werde es deshalb zuerst mit der direkten Farbfotografie versuchen.

Also umfasst meine Evaluierung nur Farb-CCD-Kameras, denn dabei müssen keine RGB Einzelbilder nachträglich aufwendig zu einem Farbbild zusammengesetzt werden.

Dabei achte ich bei den technischen Daten dieser Kameras besonders auf das Sensorrauschen, weil das bei sehr langen Belichtungszeiten zu vielen Fehlern auf dem Primärbild führt. Dieses Rauschen kann reduziert werden, wenn sich der CCD-Sensor relativ weit abkühlen lässt, denn das Sensorrauschen ist unter anderem abhängig von der Temperatur des Sensors.

Auswahlliste der Astrokameras:

Folgende CCD-Astrokameras habe ich bisher Datenblatt-mässig genauer betrachtet:

1) Celestron

Bild 66: Die neue gekühlte Farb-CCD-Astrokamera ***NightScape*** von Celestron mit dem Kodak Color *Chip* KAI-10100CXC.
Kühlung: -20 < Umgebungstemperatur
Abmessungen: 102(d) x 90(119) mm
Gewicht: 910g

2) ATIK

Bild 67: Die gekühlte Farb-CCD-Astrokamera **Atik 383LC+** mit dem Kodak Color *Chip* KAF-8300CE.
Kühlung: -40 < Umgebungstemperatur
Abmessungen: 112 x 112 x 50.6(79.6) mm
Gewicht: 500g

3) Astrolumina

Die gekühlte Farb-CCD-Astrokamera **Astrolumina Alccd 6 Pro** mit dem Sony *Chip* ICX453AQ (wie in der Cannon EOS 450Da).

Kühlung: -45 < Umgebungstemperatur
Abmessungen: 65(d) x 160 mm
Gewicht: 380g

Die gekühlte Farb-CCD-Astrokamera **Astrolumina Alccd 9** mit dem Kodak Color *Chip* KAF-8300CE.

Kühlung: -50 < Umgebungstemperatur
Abmessungen: 105(d) x 80 mm
Gewicht: 510g

4) SBIG

Bild 68: Referenzkamera zum Vergleich. Die grosse gekühlte *Dual-Chip* **SBIG STL-11000M** mit dem Kodak Monochrome *Chip* KA11002 und integriertem Filterrad, mit welcher unter anderem die Sternwarten in Gossau und in Falera arbeiten.
Kühlung: -40 < Umgebungstemperatur
Abmessungen: 165 x 152 x 89 mm
Gewicht: 1800g

Vergleich der CCD Kameras für Astrofotografie

Astro CCD Kamera		Astrolumina Alccd6Pro	Astrolumina Alccd9	ATIK 383LC+	Celestron NightScape
Sensorhersteller		Sony	Kodak	Kodak	Kodak
Parameter					
CCD:		**ICX453AQ Grade 1**	**KAF-8300**	**KAF-8300**	**KAI-10100**
	Einheit				
Architektur		Interline CCD Progressive Scan	Full Frame Square Pixels	Full Frame Square Pixels	Interline CCD Interlaced/Progressive Scan
Matrix		Bayer GBRG	Bayer BGGR	Bayer BGGR	Bayer BGGR
total Pixel	Anzahl	3110 (H) x 2030 (V) = 6.3M	3348 (H) x 2574 (V) = 8.9M	3348 (H) x 2574 (V) = 8.9M	3868 (H) x 2892 (V) = 11.1M
effektiv Pixel	Anzahl	3040 (H) x 2024 (V) = 6.15M	3358 (H) x 2536 (V) = 8.6M	3358 (H) x 2536 (V) = 8.6M	3776 (H) x 2856 (V) = 10.8M
aktive Pixel	Anzahl	3032 (H) x 2016 (V) = 6.1M	3326 (H) x 2504 (V) = 8.3M	3326 (H) x 2504 (V) = 8.3M	3760 (H) x 2840 (V) = 10.7M
Pixelgrösse	Abmessung	7.8 µm (H) x 7.8 µm (V)	5.4 µm (H) x 5.4 µm (V)	5.4 µm (H) x 5.4 µm (V)	4.75 µm (H) x 4.75 µm (V)
aktive Bildgrösse	Abmessung	25.10mm (H) x 17.64mm (V)	17.96mm (H) x 13.52mm (V)	17.96mm (H) x 13.52mm (V)	17.86mm (H) x 13.49mm (V)
Bilddiagonale	Abmessung	28.4mm	22.5mm	22.5mm	22.5mm
Bildverhältnis	Abmessung	3:2	4:3	4:3	4:3
Ausgänge horizontal	Anzahl	2	1	1	2
Sättigungssignal	K e-	(900mV)	>25.5	>25.5	25
Ausgangsempfindlichkeit	uV/e-	k.A.	23	23	32
Effizienzverteilung Farbe	%	50 (H-alpa), 60 (G), 50 (B)	33 (R), 41 (G), 33 (B)	33 (R), 40 (G), 33 (B)	32 (R), 42 (G), 40 (B)
Effizienzverteilung monochrom:	%	k.A.	k.A.	k.A.	k.A.
Effizienzverteilung H-alpha:	%	50	k.A.	k.A.	k.A.
- Mikrolinsen Klarglas (540nm)	%	k.A.	54	54	k.A.
- Mikrolinsen kein Glas (540nm)	%	k.A.	60	60	k.A.
- Mikrolinsen AR Glas (540nm)	%	k.A.	56	56	k.A.
- keine Mikrolinsen Klarglas (560nm)	%	k.A.	37	37	k.A.
total Sensorrauschen	e-	8 -12	16	16	10
Dunkelsignal	div.	4mV	<200 e-/s	<200 e-/s	2e-/pixel/second
Dunkelstrom Verdopplungstemperatur	°C	k.A.	5.8	5.8	7.5
Linearer Dynamikbereich	dB	k.A.	64.4	64.4	64
Halbbildversatz	dB	k.A.	k.A.	k.A.	k.A.
Linearitätsfehler bei 12°C	%	k.A.	+/-10	+/-10	k.A.
Wirkungsgrad Ladungsübertragung		k.A.	0.999995	0.999995	0.99999
Überbelichtungssffekt Schutz (1ms)	Faktor	(- 110 dB)	1000 x Bildsättigung	1000 x Bildsättigung	>100 x Bildsättigung
Bildverzögerung	e-	k.A.	k.A.	k.A.	5
Maximale Datenrate		25MHz	28MHz	28MHz	30MHz
Gehäuse		k.A.	32-pin CERDIP, 0.070' pin spacing	32-pin CERDIP, 0.070' pin spacing	32-pin CERDIP, 0.070' pin spacing
Schutzglas		k.A.	klar AR Beschichtung zweiseitig	klar AR Beschichtung zweiseitig	klar
Spezifikation bei		60°C und 25MHz Datenrate	60°C und 28MHz Datenrate	60°C und 28MHz Datenrate	20°C

Kamera:		Astrolumina Alccd6Pro	Astrolumina Alccd9	ATIK 383LC+	Celestron NightScape
Auflösung ADC	Bit	16	16	16	16
Ausleserauschen RMS	-e	k.A.	8	7	13
Rauschunterdrückung		Double Correlated Sampling	k.A.	k.A.	k.A.
Binning		k.A.	2x2, 3x3, 4x4	1x1, 2x2, 3x3, 4x4	1x1, 2x2, 4x4
Sub-Framing		k.A.	k.A.	k.A.	1, 1/2, 1/4, wählbar
Shutter		k.A.	Integrierter Hochgeschwindigkeitsshutter	intern mechanisch	intern mechanisch
Belichtungszeiten 2x2, 4x4 Binning		0.001 – 10'000 s	0.001 – 10'000	0.2s - unendlich	0.001 s to 24h
Belichtungszeiten 1x1 Binning		k.A.	k.A.	0.2s - unendlich	0.01s bis 24h
optisches Fenster		k.A.	multivergütetes Schutzglas	Quarz (thermisch isolierend)	High transmission Schott B270 glass
optische Filter		k.A.	k.A.	k.A.	IR Filter und Anti-Reflektionsbeschichtung
Fokusierungsdistanz	mm	22	15 ohne T2, 27mm mit T2	17	55 mit 2" Barrel, 26 ohne Barrel
Selbstnachführung		nein	nein	nein	nein
mechanischer Anschluss		T2	T2	T2	2" Barrel und T2
Zusatzbefestigung		keine	keine	Fotostativgewinde	keine
Kühlung unter Umgebungstemperatur	°C	-45	-50 (0.1)	-40 (0.1)	-20
Temperaturbereich	°C	-40 bis +40	-50 bis +40	-40 bis +40	-40 bis +40
Feuchtigkeitsschutz		Keiner (Vereisungsgefahr!)	k.A.	Trockenpatrone (austauschbar)	k.A.
Interner Speicher		keiner	32MBytes SDRAM	keiner	Vollbildspeicher
Vorschaubildansicht		k.A.	3s	k.A.	
Auslesezeit	s	k.A.	9 full Frame	10.5 Binning 1x1	<= 20 full Frame
Schnittstelle		USB 2.0	USB 2.0	USB 2.0	USB 2.0
Kabellänge USB	m	k.A.	k.A.	3	2.5
Software		k.A.	CCDCap	Capture Image	AstroFX, MaximDL, ASCOM Driver
Stromversorgung		18VDC 0.5A / 12VDC 3.3A DC-Box	12VDC via DC201 Kontrollbox	12VDC 2A	12VDC 2.5A
Kabellänge 12V		k.A.	k.A.	1.8	2.5
Gewicht	Kg	0.38	0.51	0.5	0.91
Auflagemass (Backfokus)	mm	k.A.	T2 = 27	T2= 17.5	T2 = 55
Abmessungen	mm	65(d) x 160	105(d) x 80	112 x 112 x 50.6(79.6)	102(d) x 90(119)

7. April 2012

Evaluierung einer Autoguiding-Kamera

Das miserable Osterwetter zwingt mich wieder einmal zu Vorbereitungsarbeiten, satt im Freien was zu machen. Aber es gibt ja auch so noch genug zu tun, denn die Evaluierung einer neuen CCD-Astrokamera für die Astrofotografie ruft natürlich sofort wieder nach neuen notwendigen Hilfsmitteln, um dann damit auch qualitativ hochstehende Bilder machen zu können.

Für Langzeitbelichtungen >10s genügt leider die gerechnete Nachführung des Teleskops nicht mehr, weil es sehr schwierig ist die Montierung immer super genau auf den nördlichen Himmelspol auszurichten, da dieser leider nicht ganz genau identisch ist mit dem Polarstern und deshalb eine möglichst genaue und geregelte optische Nachführung notwendig wird.

Gott sei Dank gibt es aber heutzutage technische Möglichkeiten, um diese Unzulänglichkeiten zu umgehen, nämlich durch die geregelte Nachführung (*Autoguiding* genannt), bei welcher eine zweite hochauflösende Kamera auf einen Referenzstern im oder am Rand des Bildbereichs ausgerichtet wird.

Deren Bildauswertung über ein PC-Programm sorgt dafür, dass dieser Stern auf den *Pixel* genau immer am gleichen Punkt des CCD-Sensors in dieser sogenannten Leitkamera (*Guiding*-Kamera) auftrifft, anderenfalls wird sofort ein Korrektursignal für die Nachführung der Montierung berechnet und an die Steuerung der Montierung übermittelt, um diese notwendige Korrektur auf den *Pixel* genau sofort auszuführen.

Eines der kostenlosen PC-Programme, die dafür eingesetzt werden können, ist das *PHD Guiding* (2) von Stark Labs.

Download: http://www.stark-labs.com/downloads.html

Es gibt mehrere verschiedene Möglichkeiten, um einen dieser geeigneten Referenzsterne oder Leitsterne anzusteuern:

- Zusätzliches Leitfernrohr mit *Guiding*-Kamera
- Montage eines *Off Axis Guiders* im Strahlengang des Hauptteleskops mit *Guiding*-Kamera
- Verwendung einer *Dual-Chip*-Kamera

Ausser bei der Verwendung einer *Dual-Chip*-Kamera benötigt man immer eine zusätzliche *Autoguider* Kamera, die entweder am Leitfernrohr oder am *Off Axis Guider* montiert wird.

Es gibt ganz verschiedene Bauformen und Kameratypen, die für eine automatische Nachführung geeignet sind oder sogar speziell dafür konstruiert sind. Was sie aber alle haben müssen, ist ein ST4 Anschluss für den Autoguider, welcher mit dem entsprechenden ST4 Anschluss an der Montierungssteuerung verbunden wird zur Übertragung dieser Korrektursignale. Anderenfalls wäre ein spezielles *Interface* notwendig, welches die USB-Signale vom PC in die speziellen ST4 Steuersignale für die Montierung umwandelt.

Nachführkameras (Autoguiding-Kameras)

Das sind meist hochempfindliche schwarz/weiss CCD-Kameras mit relativ kleinen Chipabmessungen die ein sehr schnelles Auslesen ermöglichen. Es werden aber zum Teil auch sehr lichtempfindliche Farb-CCD-Kameras eingesetzt, die dann alternativ auch noch als Planetenkamera eingesetzt werden können.

Die automatische Nachführung übernimmt ein PC (*Laptop, Notebook, Netbook*), welcher ja sowieso benötigt wird, wenn man mit einer CCD-Astrokamera Fotos machen will, ausser man verwendet eine autonome DSLR-Kamera.

Dazu werden zusätzlich spezielle *Autoguiding*-Programme benötigt, die teilweise im Lieferumfang von *Autoguiding*-Kameras enthalten sind oder auch kostenlos vom *Internet* heruntergeladen werden können, wie z. B. das komfortable *Autoguiding*-Programm PHD *Guiding*.

Planetenkameras

Reine Planetenkameras und Webcams ohne ST4 Anschluss sind in der Regel für das *Autoguiding* nicht geeignet.

Deshalb kann ich leider meine *Omegon Solar System Imager* zur optischen Nachführung nicht einsetzen und werde mir wohl oder übel eine neue, speziell für die Nachführung ausgerüstete *Autoguiding*-Kamera mit ST4 Anschluss anschaffen müssen.

Stand-alone Nachführsysteme

Diese werden benötigt, falls man mit einer Digitalkamera (z. B. einer für die Astrofotografie modifizierten Cannon EOS) ohne die Unterstützung eines PC's Bilder mit Langzeitbelichtungen machen möchte. Diese Geräte sind spezielle Kombinationen von Nachführkamera + Auswertungsrechner + Bedienung mit LCD und werden oft zusammen mit DSLR-Kameras eingesetzt.

Evaluierungstabelle

Ich habe in einer Excel Tabelle einige der gängigen *Autoguiding*-Kameras und ein *Stand-alone* System aufgelistet, von denen hier einige abgebildet sind.

Bild 69: Typische *Autoguiding*-Kamera mit ST4 Anschluss (oben) und USB2.0 Anschluss (unten).

Autoguiding-Kamera:
Astrolumina ALccd5V mit Micron CCD-*Chip* MT9V032STM monochrom oder **ALccd5Vc** mit Micron Color-CCD-*Chip* MT9V032STC (auch für Planetenfotografie geeignet).

Abmessungen: 62(d) x 30 mm
Gewicht: 105g

Autoguiding-Kamera:
Starlight Xpress LodestarM Kamera mit Sony HAD *Chip* ICX429AL monochrom.

Abmessungen: 32(d) x 72 mm
Gewicht: 50g

Autonomes Nachführungssystem:
Celestron NexGuide Stand-alone System mit dem Sony Super HAD *Chip* ICX404AL monochrom mit integriertem Prozessor zur Bildauswertung und Bedienung sowie Rotlicht LCD.

Bild 70: Beispiel eines autonomen Nachführungssystems an einem Leitteleskop huckepack mit einer Losmandy Schiene auf dem Hauptteleskop.

Ein autonomes Nachführungssystem kommt für mich nicht infrage, da ich den Vorteil des *Netbooks* ausnützen will, den ich für die CCD-Astrokameras ja sowieso benötige.

Vergleich der Autoguide Kameras für Astrofotografie

Autoguide CCD Kamera		Astrolumina Alccd5V	LodestarM
Sensorhersteller		Micron	Sony
Parameter			
CCD:		**MT9V032C12STM**	**HAD ICX429AL**
	Einheit		
Architektur		Interlaced/Progressive Scan	Interline CCD image sensor
Matrix		monochrom	monochrom
total Pixel	Anzahl	752 (H) x 480 (V) = 0.36M	795 (H) x 596 (V) = 0.47M
effektiv Pixel	Anzahl		752 (H) x 582 (V) = 0.44M
aktive Pixel	Anzahl		
Pixelgrösse	Abmessung	6.0 µm (H) x 6.0 µm (V)	8.6 µm (H) x 8.6 µm (V)
aktive Bildgrösse	Abmessung	4.51mm (H) x 2.88mm (V)	7.40mm (H) x 5.95mm (V)
Bilddiagonale	Abmessung	5.35mm	8.0mm
Bildverhältnis	Abmessung	4:3	4:3
Ausgangssignal	Anzahl	1x I2C Bus	1
Sättigungssignal	K e-	k.A.	50
Ausgangsempfindlichkeit	e-	15.3 e-/LSB	k.A.
Effizienzverteilung Farbe	%	37 (R), 36 (G), 33 (B)	
Effizienzverteilung monochrom:	%	58% (580nm)	65% bei 620nm - 400nm
Dunkelsignal	div.	9,042 e-/pixel/second	2mV @ 60°C
Linearer Dynamikbereich	dB	>55dB linear, >80?100dB in HiDy mode	k.A.
Maximale Datenrate	Mhz	26.6 MPS/26.6 MHz	k.A.
Gehäuse	Typ	48-pin CLCC	20-pin DIP (600mil)
Schutzglas		k.A.	k.A.
Spezifikation bei	°C	25°C	60°C
Kamera:		**Astrolumina Alccd5V**	**LodestarM**
Planetenkamera		geeignet (nur SW)	geeignet (nur SW)
Nachführkamera		ja	ja
Auflösung ADC	Bit	10-bit column-parallel	16
Ausleserauschen RMS	-e	25 e-PRMS at 1X	k.A.
Rauschunterdrückung		k.A.	k.A.
Binning		2x2, 4x4	k.A.
Sub-Framing		k.A.	k.A.
Shutter	Typ	Global shutter—TrueSNAP™	Continuous variable-speed shutter
Belichtungszeiten 2x2, 4x4 Binning	s	0.01 – 99	Max. 5 Bilder/s
optische Filter (bzw. Anschluss)		M28,5x0,5 (1 1/4"), innenliegend	C-Mount, innenliegend
Fokusierungsdistanz (Auflagemass)	mm	13	13
Selbstnachführung		nein	nein
mechanischer Anschluss	Adaptierung	T2 mit Adapter auf 1,25" Barrel	1,25" Barrel
Zusatzbefestigung		keine	keine
Kühlung unter Umgebungstemperatur	°C	nein	nein
Temperaturbereich	°C	–30°C to +70°C	0-60°C
Feuchtigkeitsschutz		k.A.	k.A.
Interner Speicher		k.A.	k.A.
Vorschaubildansicht		bis zu 200 Bilder/s	k.A.
Auslesezeit	s	max. 55 Bilder / Sekunde	Max. 5 Bilder/s
Schnittstelle	Typ	USB 2.0/ST4 via RJ12	USB 2.0/ST4 via RJ12
galvanische Trennung	Typ	ja ST4	ja ST4
Kabellänge ST4	m	k.A. Inklusive	k.A.
Kabellänge USB	m	k.A. Inklusive	k.A.
Software		CD mit Software	Plugins für AstroArt und Maxim-DL
Bedienung		via PC	via PC
LCD		nein	nein
Kamera Fernsteuerung		nein	nein
Stromversorgung	V	Via USB 350-400mA an 5V	Via USB
Kabellänge Power			
Gewicht	g	105	50
Auflagemass	mm	T2 = 13	T2 = 13
Abmessungen	mm	62(d) x 30	32(d) x 72

Sämtliche Vergleichstabellen zur Evaluierung neuer Kameras sind auch auf meiner *Homepage* einsehbar unter:

https://www.robani.ch/Vergleich CCD Kameras.pdf

https://www.robani.ch/Vergleich Autoguide Kameras.pdf

https://www.robani.ch/Vergleich Planeten Kameras.pdf

9. April 2012

Materialliste für die Astrofotografie

Leider zwingt mich das immer noch schlechte Wetter zu hausinternen Vorbereitungsarbeiten. Andererseits kann ich in Ruhe eine Materialliste der Komponenten zusammenstellen, welche ich für einen erfolgreichen Start in die *Deep-Sky* Astrofotografie zusätzlich noch benötige, oder zu benötigen glaube, und mir bei Gelegenheit anschaffen sollte.

Autoguiding:

Das notwendige Equipment für eine mit *Autoguiding* geführte Fotografie basierend auf meinem aktuellen Teleskop habe ich in der folgenden Excel Tabelle zusammengestellt.

Die Liste umfasst alle zusätzlichen Geräte mit Zubehör sowie notwendige Software, welche zur *Autoguiding*-Fotografie mit dem Teleskop SC 235 Advanced GT und meinem 400 mm Teleobjektiv benötigt werden.

Zudem ist es mir wichtig, einen Überblick zu haben, welchen zusätzlichen finanziellen Aufwand mein Hobby dazu erfordert, um mir ein Budget dafür zu machen.

Dabei stelle ich fest, dass mit einem Kostenaufwand im mittleren Bereich von etwa CHF 3500.- schon mit sehr viel moderner Technik gearbeitet werden kann.

Ich möchte auch herausfinden, welche Art von *Autoguiding* mit welchem Aufwand verbunden ist. Dabei stosse ich auf ein von mir vorher zu wenig beachtetes Problem. Das Gewicht des zusätzlich notwendigen *Equipments* ist erheblich und darf nicht vernachlässigt werden. Vor allem dann nicht, wenn die dazu verwendete Montierung nicht zu den grossen Kalibern gehört, und dadurch schnell einmal an ihre Grenzen stösst, was ihre maximale Tragfähigkeit anbelangt.

Die maximale Tragfähigkeit meiner Montierung beträgt leider nur 13 kg. Da kann es schon etwas knapp werden mit all der notwendigen Ausrüstung für die *Deep-Sky* Fotografie.

Equipment für Autoguiding Fotografie

Funktion	Typ	Bauart	Gewicht	Gewicht	Gewicht	Hersteller	Anschaffungskosten	geeignet	notwendig
			kg	kg	kg		ca. SFR		
Basisausrüstung:			OAG	LR(WT)	LR(LS)				
Teleskop	C925 XLT	Schmidt-Cassegrain	9.4	9.4	9.4	Celestron	bestehend	ja	ja
Montierung	CG-5GT Advanced GoTo	Deutsche Montierung	-13	-13	-13	Celestron	bestehend	ja	ja
GoTo Steuerung	NexStar	Handheld				Celestron	bestehend	ja	ja
PC-Steuerung direkt	NexRemote USB/RS232	PC-Software/Interface				Celestron	bestehend	nein	nein
PC-Kontrolle Objektwahl	Stellarium	PC-Software				Stellarium	kostenlos (Freeware)	ja	nein
PC	EeePC SeaShell	Netbook Dual-Core				ASUS	bestehend	ja	ja
USB Anschlüsse	4x USB 3.0/2.0	Hub ext.Power				Digitus	bestehend	ja	ja
Stromversorgung	PowerBox 12V/24Ah	Eigenbau				R.Baldegger	bestehend	ja	ja
Planetenkamera	Solar Imager	WebCam				Omegon	bestehend	nein	nein
Spiegelreflexkamera	SD9	Digital (Foveon Chip)				Sigma	bestehend	nein	nein
Funkauslöser	JM-H 30m für Sigma SD	Handsender/Empfangsmodul				JJC	bestehend	nein	nein
Zusatzausrüstung:									
Verkabelung	WiringBox	Eigenbau				R.Baldegger	bestehend	ja	ja
Leitfernrohr	400mm f/6.3	Teleobjektiv		0.712	0.712	Rubicon	bestehend	ja	ja(1)
Befestigung Leitrohr	Losmandy Schiene CE820843	Prismenschiene 438mm			1.012	Celestron	70	ja	ja(1)
Befestigung Leitrohr	Leitrohrschellen CE820860	mit 3" Klemme D=125mm			1.252	Celestron	95	ja	ja(1)
Befestigung Leitrohr	Witty1	Tangentialansatz		0.332		Baader Planetarium	85	ja	ja(1)
Scharfstellung Leitteleskop	ClickLock Microfokus	Nachfokussierung T2		0.061	0.061	Baader Planetarium	100	ja	ja(1)
OA Nachführung	RCC Off Axis Guider	Radial Guider SC	0.16			Baader Planetarium	190	ja	ja(2)
Leitkamera	CCD S/W-Kamera Alccd5V	CCD 0.36 Megapixel T2	0.124	0.124	0.124	Astrolumina	240	ja	ja
Hauptkamera	CCD Farbkamera 383LC+	CCD 8 Megapixel gekühlt T2	0.798	0.798	0.798	Atik	2000	ja	ja
Bildebnung	Flatner 2350 auf 1480mm	Reducer/Corrector f 6,3 SC	0.11	0.11	0.11	Celestron	180	ja	ja
Scharfstellung Hauptteleskop	Focuser Crayford Dual Speed 2"	Nachfokussierung SC	0.789	0.789	0.789	TS	140	ja	ja
PC-Steuerung Autoguide	PHD	PC-Software				Stark Labs	kostenlos (Freeware)	ja	ja
CCD Software	MSB AstroArt	PC-Software				MSB Software	190	ja	ja
CCD Software	MaxIm DL	PC-Software				Diffraction Ltd.	zu teuer (500$)	ja	nein
CCD Software	CCD Soft	PC-Software				Software Bisque	zu teuer (350$)	ja	nein
		Totalgewicht des Zubehörs	1.981	2.926	4.858	**Investition**	**3290**		
		Reserve zu Limit Montierung	1.619	0.674	-1.258				

(1) Leitfernrohr wird nur benötigt wenn kein Off Axis Guider benutzt wird
(2) Off Axis Guider wird nur benötigt wenn kein Leitfernrohr benutzt wird

Anschaffungen für die Astrofotografie

Folgendes notwendige Zubehör wurde von mir in letzter Zeit angeschafft. Ohne das gibt es sonst keine qualitativ gute *Deep-Sky* Fotos.

Hauptkamera: **Atik 383LC+**

Hochauflösende Farb-CCD-Kamera mit Peltier-Kühlung (siehe Evaluierung der neuen CCD-Kamera) für *Deep-Sky* Fotografie.

Leitkamera: **Astrolumina ALccd5V**

Hochauflösende monochrome (schwarz/weiss) CCD-Kamera mit kleinem und sehr schnellem *Chip* für das *Autoguiding* (siehe Evaluierung einer Autoguide Kamera).

Losmandy Schiene: **Celestron 3" Losmandy/CGEM**

Prismenschiene für mein SC 235 Teleskop zur Montage eines Leitteleskops (400 mm Teleobjektiv) auf dem Hauptteleskop.

Leitrohrschellen: **Celestron Guidescope**

Zwei Leitrohrschellen 125 mm mit 3" Klemmen zur Aufnahme des 400 mm Teleobjektivs.

Reducer/Flatner: **Celestron *Focal Reducer/Flatner* f/6.3**

für die Brennweitenverkürzung und Bildebnung von Schmidt-Cassegrain Teleskopen.

Focuser: **Monorail-Auszug mit 1:10 Mikro Untersetzung**

Robuster Präzisionsauszug zur genaueren Fokussierung des Teleskops, der auch das Gewicht der Kameras tragen kann.

Mikrofokus: **ClickLock T2 1.25"**

Mikrofokus zur präziseren Fokussierung meines Leitteleskops (400 mm Teleobjektiv).

Autoguiding: **Programm *PHD Guiding*** (Freeware)

Nachführung nach Leitstern mittels Leitkamera via *Laptop*.

Bildverarbeitung: Programm **AstroArt** (Vollversion)

Bildverarbeitung der Rohdaten von der CCD-Astrokamera auf dem grossen PC zuhause.

Off Axis Guider: **Celestron Radial Guider**

Dieser *Off Axis Guider* zur Montage einer Leitkamera wurde defekt geliefert und ist leider nicht mehr lieferbar.

Off Axis Guider: **RCC Off Axis Guider**

Als Alternative bietet sich der RCC *Off Axis Guider* an, welcher bis auf die Gewinde fast baugleich ist. Er hat anstelle von SC Gewinden beidseitig T2 Gewinde, ist in den Funktionen aber sonst identisch. Sein Vorteil ist seine gegenüber dem Original verkürzte Baulänge (36.5 mm) was seine Einsatzmöglichkeiten universeller macht.

Was die Experten sagen

Grundsätzlich haben Experten in Sachen Astrofotografie mir aber vom *Autoguiding* mit *Off Axis Guider* abgeraten, weil es schwierig ist, einen geeigneten Leitstern im eingeschränkten Betrachtungsbereich des kleinen Prismas zu finden.

Deshalb bevorzugen sie separate Leitteleskope (in der Regel kleine Refraktoren) als Huckepack auf dem Hauptteleskop oder grosse High-End Astrokameras wie die SBIG STL-11000M oder die neue SBIG STX-16803 mit integrierter Leitkamera.

Eine solche High-End Astrokamera wie die SBIG STL-11000M liegt allerdings weit ausserhalb meines Budgets.

Zudem möchte ich aber auch *Autoguiding* an meinem 400 mm Teleobjektiv haben, um damit *Deep-Sky* Fotografie zu machen.

Autoguiding mit Leitteleskop

Blockdiagramm 1:
Notwendiger Geräteaufwand der gesamten Verkabelung zur *Deep-Sky* Astrofotografie mit separatem Leitteleskop.

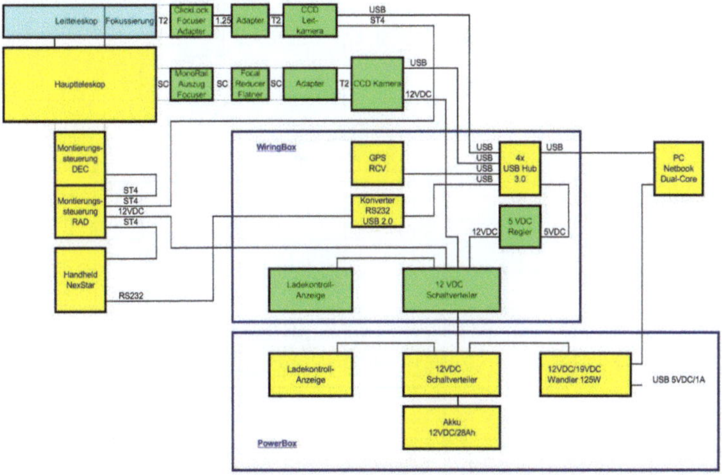

Zu meiner Enttäuschung muss ich im Nachhinein aufgrund meiner Berechnungen, basierend auf dem Gesamtgewicht aller für die *Deep-Sky* Fotografie in der Regel zwingend notwendigen Komponenten inklusive Hauptteleskop, feststellen, dass meine Montierung gewichtsmässig ziemlich überlastet würde, wenn ich zusätzlich zur gekühlten *Deep-Sky* Astrokamera auch noch ein Leitteleskop mit Losmandy-Schiene und Rohrschellen montiere. Also muss ich mich wohl oder übel auf den Einsatz eines *Off Axis Guiders* beschränken oder ich muss mir eine massivere Montierung anschaffen mit einer bedeutend grösseren Tragkraft. Leider würde diese Lösung aber mein maximales Budget total sprengen.

Für eine hochpräzise Nachführung bei der *Deep-Sky* Fotografie mit *Autoguiding* sollte die Montierung höchstens mit bis zu 2/3 ihrer maximalen Tragkraft belastet werden. Ich würde in diesem Fall eine Montierung mit mindestens 20 kg Tragkraft benötigen. Da spielt man dann allerdings in einer ganz anderen Preisklasse.

Autoguiding mit Off Axis Guider

Blockdiagramm 2:
Notwendiger Geräteaufwand der gesamten Verkabelung zur *Deep-Sky* Astrofotografie mit *Off Axis Guider*.

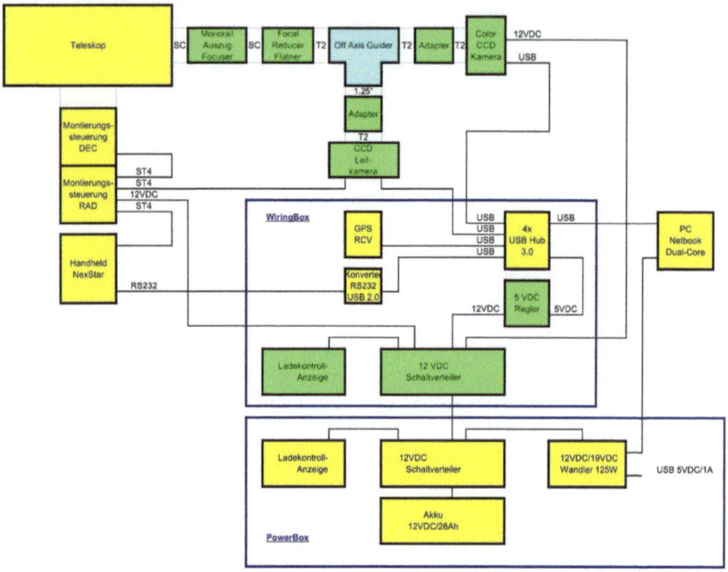

Detaillierte Blockdiagramme sind auf meiner *Homepage*:
https://www.robani.ch/AutoguideInstallationen.htm

12. April 2012

Bestellung

Ich habe endlich das gesamte Zubehör für die Astrofotografie gemäss meiner Materialliste bestellt.

18. Mai 2012

Abholung

Heute fahre ich nach München, um die Astrofotoausrüstung für die *Deep-Sky* Fotografie abzuholen, denn die teuren und teils hochempfindlichen Teile soll nicht die Post zustellen.

Technische Daten der Leitkamera Astrolumina ALccd5V

Sensor	Micron MT9V032M s/w-CMOS-*Chip*
Aktive *Pixel*	752 x 480 (0,36 MPixel)
Pixel-Grösse	6,0 µm x 6,0 µm (quadratische *Pixel*)
Chip-Grösse	4.51 x 2.88 mm (Diagonale 5,35 mm)
Datentiefe	10 Bit (monochrom)
Datenübertragung	bis zu 60 Bilder pro Sekunde
Download	24 MPixel/Sekunde
Bildrate	bis zu 200 Bilder pro Sekunde
Interface	USB2.0
Belichtungszeiten	0.01 – 99 Sekunden
Kühlung	Keine Kühlung
Stromversorgung	via USB-Kabel
Autoguider	Integrierter *Autoguide*-Port ST4 (RJ-12)
Teleskopanschluss	M42x0,75 (T2)
Filtergewinde	M28,5x0,5 innenliegend Adapter 1.25″
Auflagemass	13 mm (T2)
Abmessung	DxH: 62x30 mm
Gewicht	105 g
PC Programm	QGVideo32 (wird mitgeliefert)

11. Juni 2012

Test der Leitkamera

Heute möchte ich die neue Leitkamera Astrolumina ALccd5V mit dem als Leitrohr vorgesehenen Teleobjektiv 400 mm testen. Dazu baue ich mein leichtes Alustativ auf, welches ich auch zum normalen Fotografieren benutze und schraube daran das 400 mm Teleobjektiv mit f/6.3 fest. Da ich für dieses einen 1.25″ Adapter mit T2 Gewinde habe, kann ich meine Leitkamera direkt daran festschrauben.

Bild 71: Test der Leitkamera mit dem 400 mm Teleobjektiv.

Der Test erfolgt mit dem *Laptop* unter Verwendung des vom Hersteller der Kamera gelieferten Programm QGVideo32.

Der erste Test mit meiner Leitkamera ist erfolgreich verlaufen.

Technische Daten der Astrokamera ATIK 383LC+

Sensor	KAF-8300CE Color-CCD-*Chip*
Aktive *Pixel*	3326 (H) x 2504 (V) = ca. 8.3 MPixel
Pixel-Grösse	5.4 µm (H) x 5.4 µm (V)
Chip-Grösse	17.96 x 13.52 mm (Diagonale 22.5 mm)
Datentiefe	16 Bit (color)
Datenübertragung	0.1 Bilder pro Sekunde
Download	28 MHz
Bildrate	0.1 Bilder pro Sekunde
Interface	USB2.0
Belichtungszeiten	0.2 Sekunden – unendlich
Kühlung	Peltier-Kühlung bis -40 °C < Umgebung
Stromversorgung	12VDC/2A
Autoguider	kein *Autoguide*-Port ST4 (RJ-12)
Teleskopanschluss	M42x0.75 (T2) Adapter 2“
Filtergewinde	keines
Auflagemass	17 mm (T2)
Abmessung	112 x 112 x 50.6 mm
Gewicht	500 g
Trockenpatronen	2 Stück austauschbar
PC Programm	*Artemis Capture* (wird mitgeliefert)

11. Juni 2012

Test der Astrokamera

Nun möchte ich auch die neue Farb-CCD-Kamera ATIK 383LC+ mit dem Teleobjektiv 400 mm testen. Dazu benutze ich wieder mein leichtes Alustativ und schraube daran mein RUBICA 400 mm Teleobjektiv mit f/6.3 fest.

Bild 72: Test der Astrokamera mit dem 400 mm Teleobjektiv.

Diese Kamera soll vor allem für die *Deep-Sky* Fotografie mit Langzeitbelichtung eingesetzt werden. Das Ganze funktioniert einwandfrei mit dem vom Hersteller mitgelieferten Programm *Artemis Capture*, wenn man, um in Fokusbereich zu gelangen, die T2 Adapter verwendet. So funktioniert auch die Scharfeinstellung, wozu allerdings am Teleobjektiv gedreht werden muss. Besser wäre da ein kleiner Auszug mit beidseitigen T2 Gewinden, um die Fokussierung feiner einstellen zu können. Ich habe mir zum 400 mm Teleobjektiv, welches selbst über ein T2 Gewinde verfügt, zusätzlich noch einen Adapter auf 1.25" Innendurchmesser gekauft, damit ich auch meine 1.25" Okulare verwenden kann. Bei der Leitkamera Astrolumina ALccd5V war ein solcher Adapter von 1.25" Aussendurchmesser auf T2 im Lieferumfang dabei.

16. Juni 2012

Test des Autoguidings mit der neuen Leitkamera

Die Leitkamera (*Autoguiding*-Kamera) wird benötigt, um beim Fotografieren mit sehr langen Belichtungszeiten > 5 Sekunden das Teleskop sehr präzise auf einen sogenannten Leitstern auszurichten, damit die punktförmigen Objekte im Bild auch punktförmig bleiben und nicht durch Ungenauigkeiten bei der Nachführung zu Ovalen verzogen werden.

Das ganze Equipment mit Ausnahme des grossen Teleskops wird in den Garten geschleppt und beim Sitzplatz aufgestellt. Ich möchte heute Nacht mit dem 400 mm Teleobjektiv, welches ich unter anderem als Leitrohr einsetzen möchte, die ersten praktischen Tests mit *Autoguiding* machen unter Verwendung von echten Objekten (hellen Sternen).

Der Aufbau meines 400 mm Teleobjektivs erfolgt diesmal als Leitteleskop mit der Schwalbenschwanzschiene montiert auf der Celestron AS-GT Montierung unter Verwendung des neuen leichten Gegengewichtes von nur 1 kg zusammen mit dem ersten Ausseneinsatz meiner neuen *WiringBox*.

- Stativ mit Montierung aufstellen, nivellieren und ausrichten (Polsucher benutzen).
- Teleskop aufsetzen und auf den Polarstern ausrichten.
- GO-TO Steuerung vorbereiten (Standort-, Zeit- und Datumseingabe).
- Zweistern Kalibrierung durchführen.

Zudem muss beachtet werden, dass die Blendeneinstellung des eigentlich für Fotoapparate ausgelegten Teleobjektivs für den Nachteinsatz in der Regel ganz geöffnet wird (Blende = 6.3).

Es ist schon praktisch und auch sicherer, wenn aufgrund der eingesetzten *WiringBox* vom Stativ weg nur noch zwei Kabel zum *Netbook* (USB3.0) und zur *PowerBox* (12VDC) führen. Die *PowerBox* habe ich heute allerdings durch ein handelsübliches 12VDC Schaltnetzteil für Kühlboxen ersetzt, denn es ist ja ein 230VAC-Anschluss in unserem Garten vorhanden.

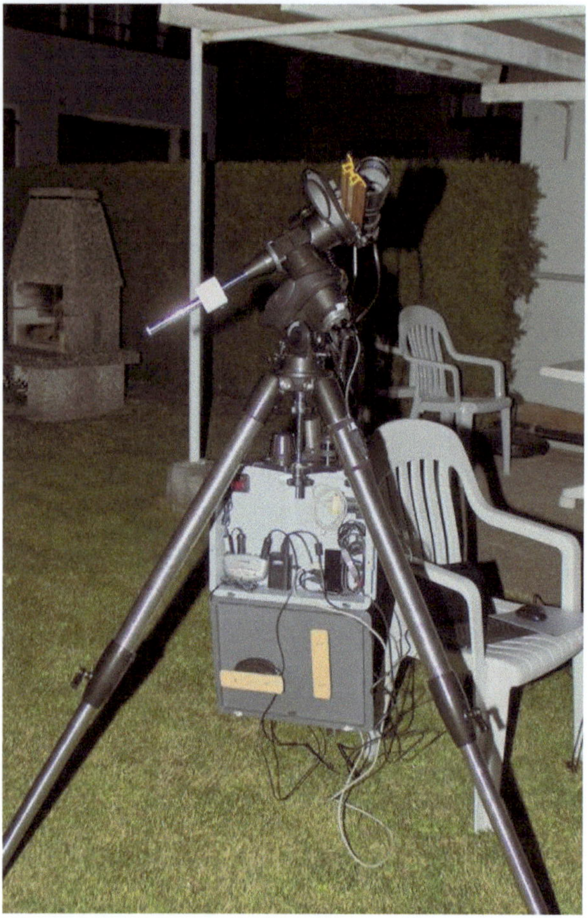

Bild 73: Aufbau im Garten zum ersten Test des *Autoguidings*.

Die neue *Autoguiding* s/w CCD-Kamera Astrolumina ALcc5V ist dabei im Einsatz. Ich entferne das Okular vom Teleskop und stecke stattdessen die Leitkamera in den 1.25" Adapter. Noch das USB-Kabel (weiss) einstecken und dann kann sie zeigen, was sie drauf hat.

Ich mache die ersten Bildschärfetests mit den Fixsternen 'Arktur' und 'Spica', unter Verwendung der mit der neuen Leitkamera mitgelieferten Software *QGVideo32*. Sofort nach dem Start beginnt die rote Kontroll-LED auf der Kamera zu blinken.

Das Leitteleskop und die Leitkamera funktionieren sehr gut zusammen, sofern man die 1.25" Adapter verwendet. Hier zeigt sich sogar der Vorteil eines Kamera-Teleobjektivs, denn den extrem hell abgebildeten 'Arktur' kann ich durch Verstellung des Blendenrings in der Helligkeit dämpfen. So wird er noch viel klarer auf dem Monitor am *Netbook* abgebildet und ich kann die Bildschärfe besser einstellen.

Ich stelle nun von der Videobetrachtungssoftware QGVideo32 auf die *Autoguiding* Software PHD von Stark Labs um und wähle dort meinen Kameratyp. Schon wird ein helles Bild vom Fixstern 'Arktur' abgebildet, allerdings ist es noch viel zu hell und mit viel Hintergrundrauschen, weil ich noch keinen Dunkelabgleich gemacht habe. In Anbetracht des sehr hellen Objektes verzichte ich auf einen Dunkelabgleich und stelle stattdessen die Aufnahmezeit von 1.0 s herunter auf 0.2 s. Nun habe ich ein perfektes scharfes Bild vom Leitstern 'Arktur'.

Ich verbinde das ST4 *Guiding*-Kabel (schwarzes Flachkabel) mit der entsprechenden Buchse GUIDE an der AS-GT Montierung und schalte den *Guiding*-Mode ein (Klick auf das PHD-Symbol). Das *Guiding*-Programm auf dem *Laptop* führt nun eine automatische Selbstkalibrierung durch, indem es die Nachführcharakteristik der AS-GT Montierung aufzeichnet. Der ausgewählte Leitstern wird mit einem Quadrat markiert und mit einem gestrichelten gelben Fadenkreuz verfolgt.

Nachdem diese erfolgreich abgeschlossen wurde, wird das Fadenkreuz massiv und grün und ich verbinde die PHD Steuerung mit der Teleskopsteuerung durch Klick auf das Teleskop-Symbol. Ab jetzt wird die Kontrolle der beiden Nachführungsachsen RA und DE vom Programm PHD auf dem *Netbook* übernommen. Die Korrekturdaten werden via USB an die Leitkamera übermittelt und dort auf ST4 umgesetzt, dessen Daten dann über das ST4 Flachbandkabel zur Montierungssteuerung übertragen werden. Unten im Fenster des Programms PHD erscheint der Text *Guiding*. Die automatische Nachführung eines Fixsterns mittels Bildanalyse wird nun zum ersten Mal von meinem *Netbook* übernommen und es scheint tatsächlich zu funktionieren.

Ich öffne zusätzlich das Monitoring der Nachführsignale unter: *Tools, Enable Graph*. Nun kann ich über die Darstellung von zwei grafischen Kurven in einem zusätzlichen Fenster am *Netbook* den zeitlichen Verlauf und die Abweichungen der beiden Nachführachsen RA und DE kontrollieren. Dabei stelle ich fest, dass zwar die Nachführung der RA-Achse absolut problemlos funktioniert, die DE-Achse aber läuft nach einiger Zeit aus dem Ruder, dabei wandert die rote Kurve immer weiter nach unten, denn es wird viel zu wenig nachgeführt. Ich stelle deshalb die Belichtungszeit etwas höher (auf 0.5 s) und beim Parameter *Mx dec* einen höheren Wert ein. Nun funktioniert das *Autoguiding* absolut perfekt, denn auch das Fadenkreuz bleibt nun präzise auf dem Leitstern stehen.

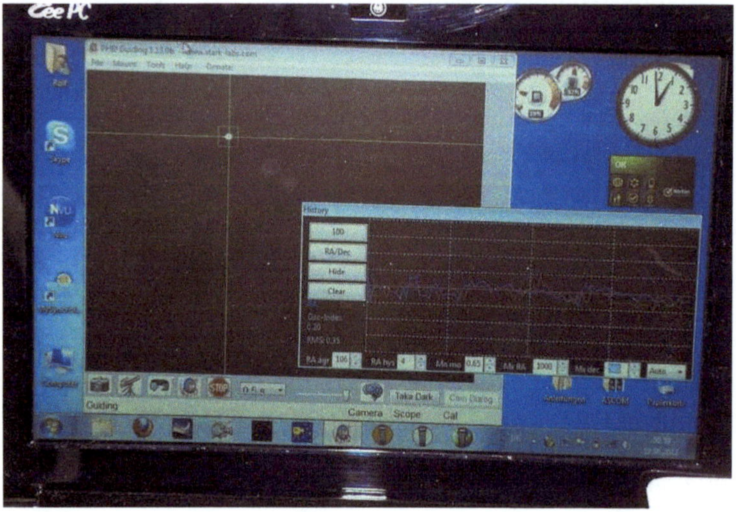

Bild 74: Anzeige der Nachführungskontrolle auf dem *Netbook*.

Der erste Test eines echten *Autoguiding* mit Leitsternen unter Verwendung des 400 mm Teleobjektivs und meiner neuen *Autoguiding*-Kamera zusammen mit dem PC Programm zur automatischen Nachführung *PHD Guiding* 1.14.2 ist bestanden.

30. Juni 2012

Erste Nachtaufnahmen mit der neuen Astrokamera

Da der fast volle Mond sich mit dem 400 mm Teleobjektiv so gut abbildet, versuche ich davon ein paar Fotos mit der Farb-CCD-Kamera Atik 383LC+ zu schiessen. Es ist mein erster Versuch damit nachts ein Objekt zu fotografieren (*first light*).

Anfangs benutze ich das 32 mm Okular, dazu habe ich zuerst auf das standardmässige T2 Gewinde des Teleobjektivs eine 1.25" Okularsteckhülse geschraubt.

Nun durch manuelle Justierung des leichten Alu-Stativs den Mond anpeilen und scharf stellen. Dabei stelle ich fest, dass es sich bei dem sehr hellen Objekt lohnt, die verstellbare Blende des 400 mm Teleobjektivs bis auf die kleinste Öffnung zu schliessen (Blende 32).

Anschliessend wird die CCD-Farbkamera montiert, ähnlich wie bei den ersten Kameratests bei Tageslicht. Die Farb-CCD-Kamera Atik 383LC+ wird, wie vorher die Leitkamera, mittels *WiringBox* am *Netbook* angeschlossen.

Dann noch auf dem *Netbook* die Aufnahme Software *Artemis Capture* starten, welche mit der CCD-Farbkamera mitgeliefert wurde, und dann die richtigen Einstellungen wählen.

Die Kamera erst auf die Serien-Aufnahme zur Fokuskontrolle einstellen. Nun versuche ich, basierend auf den fortlaufend automatisch erstellten Aufnahmen, die Schärfe am Teleobjektiv einzustellen, was sich als nicht ganz einfach herausstellt. Da die Schärfe schon ganz am Rande des Fokussierbereichs des Teleobjektivs liegt, habe ich leider zu wenig Einstellmöglichkeit für einen absolut genauen Fokus.

Nun wäre so ein *ClickLock* Adapter mit Mikrofokuseinstellung genau das Richtige, um diese zusätzliche Scharfeinstellung zu erreichen. Ich werde mir so ein Teil noch kaufen.

Es wird dann anstelle der 1.25" Okularsteckhülse an das T2 Gewinde des Teleobjektivs geschraubt und die Kamera wird über den *ClickLock* Anschluss mit ihren 1.25" Adapter aufgesteckt. Über die Mikrofokussierung des *ClickLock* Adapters liesse sich dann die Schärfe präziser einstellen als direkt am Teleobjektiv, dort würde dann nur noch eine grobe Vorfokussierung gemacht.

Immerhin habe ich es auf diese Art geschafft, erstmals nachts Bilder aufzuzeichnen, welche sich anschliessend mit der PC-Bildbearbeitungssoftware *MSB Astroart* verarbeiten lassen. Ich mache meine ersten Versuche noch auf der Demo Version dieses Programms, bevor ich mich entschliessen werde, dieses Tool zu kaufen, denn ich möchte sicher sein, dass es die Bilddaten meiner Kamera richtig verarbeiten kann, bevor ich dafür Geld ausgebe. Das vollumfängliche Programm *MSB Astroart* ist leider keine kostenlose Version.

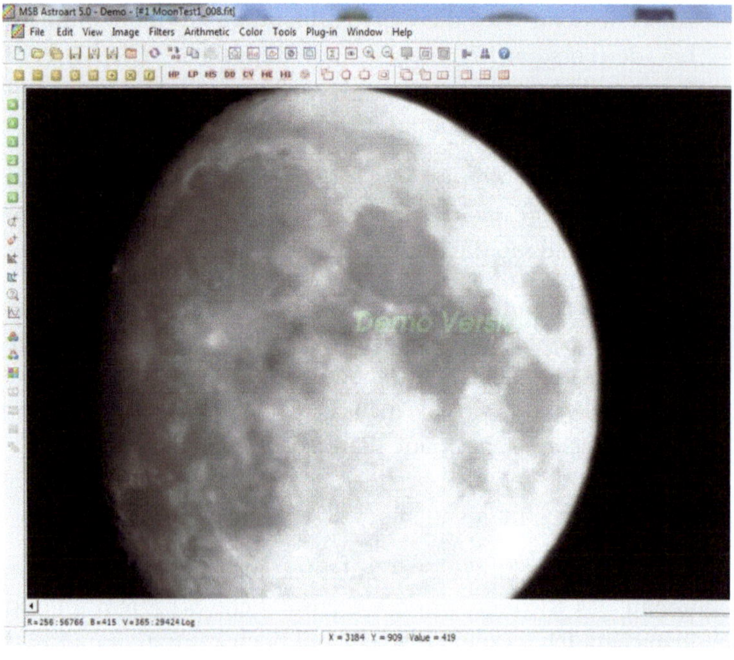

Bild 75: Nachträgliche Bildbearbeitung an meinem PC mit der gratis Demo Version von *MSB Astroart* (Rohdatenbild).

Januar 2016

Evaluierung einer neuen Planetenkamera

Ich habe in einer Excel Tabelle einige gängige Planetenkameras aufgelistet.

1) ATIK

Titan mit dem Sony CMOS-*Chip* XCX424 Color 659x494 (auch für *Deep-Sky* Fotografie geeignet).

Aufnahmerate: 15 Bilder/Sekunde
Abmessungen: L = 54 mm, D = 110 mm
Gewicht: 350 g

2) Celestron

Bild 76: **Skyris 236C** mit dem Sony EXMOR™ CMOS-*Chip* IMX236LQJ Color 1920 x 1200 mit *Subframing*
(auch als Leitkamera geeignet).
Belichtungszeiten von Einzelbildern sind möglich von 0.0001 s bis 10 s.
Aufnahmerate: bis 200 Bilder/s, 60 Bilder/s auch in HD-Video.
Abmessungen: L = 43 mm, D = 43 mm
Gewicht: 100 g

Skyris Aptina 132C mit dem Aptina CMOS-*Chip* AR0132AT Color 1280 x 960 mit *Subframing*
(auch als Leitkamera geeignet).
Aufnahmerate: bis 200 Bilder/s, 60 Bilder/s auch in HD-Video
Abmessungen: L = 43 mm, D = 43 mm
Gewicht: 100 g

Vergleich der Planeten-Kameras für Astrofotografie

Planeten Kamera		ATIK Titan	Celestron Skyris 236C
Sensorhersteller		Sony	Sony
Parameter			
CCD:		**SONY XCX424 (HAD)**	**SONY IMX236LQJ**
	Einheit		
Sensortyp	CCD/CMOS	CMOS	CMOS
Architektur		Planeten-, Astro- und Leit-Kamera	Planeten-, Astro- und Leit-Kamera
Matrix		Bayer RGGB	k.A.
total Pixel	Anzahl	1077 (H) · 788 (V) approx. 850K pixels	1944(H) × 1224(V) approx. 2.38M pixels
effektiv Pixel	Anzahl	1034 (H) · 779 (V) approx. 800K pixels	1944(H) × 1224(V) approx. 2.38M pixels
aktive Pixel	Anzahl	1024 (H) · 768 (V) approx. 790K pixels	1920 x 1200 pixels
Pixelgrösse	Abmessung	4.65µm (H) · 4.65µm (V)	2.8µm (H) ·2.8µm (V)
aktive Bildgrösse	Abmessung	5.80mm (H) · 4.92mm (V)	5.44mm x 3.42mm
Bilddiagonale	Abmessung	5.952mm	6.4mm
Bildverhältnis	Abmessung		
Ausgangssignal	Anzahl	Video unkomprimiert 16Bit, AVI	Video unkomprimiert 10Bit/12Bit, AVI
Sättigungssignal	div.	450mV	812 mV
Ausgangsempfindlichkeit	div.	k:A.	510 mV (f 5.6)
Effizienzverteilung Farbe	%	35 (R), 35 (G), 30 (B)	k.A.
Effizienzverteilung monochrom:	%	k.A.	k.A.
Dunkelsignal	div.	6mV	k.A.
Linearer Dynamikbereich	dB	k.A.	k.A
Maximale Datenrate		24.45 MHZ (20 Bilder/s)	54 MHz/27 MHz/37.125 MHz/74.25 MHz
Gehäuse		16 Pin DIP	94-pin LGA
Schutzglas		k.A.	k.A
Spezifikation bei		60°C	k.A
Kamera:		**ATIK Titan**	**Celestron Skyris 236C**
Auflösung ADC	Bit	16	12
Ausleserauschen RMS	-e	5 rms	k.A.
Rauschunterdrückung		k.A.	k.A.
Binning		2x2	2x2
Sub-Framing		k.A.	wählbar
Shutter		electronic shutter	electronic shutter
Belichtungszeiten 2x2		15 Bilder/s	10 bit 108 Bilder/s, 12 bit 54 Bilder/s
optische Filter (bzw. Anschluss)		nein	nein
Fokusierungsdistanz (Auflagemass)	mm	12.0 ±0.5	19.0 (17.5 C-Mount)
Selbstnachführung		nein	nein
mechanischer Anschluss		1.25" Barrel / T2 innen	1.25" Barrel / C-Gewinde innen
Zusatzbefestigung		keine	keine
Kühlung unter Umgebungstemperatur	°C	-20	nein
Temperaturbereich	°C	-40 bis +40	-40 bis +40
Feuchtigkeitsschutz		keiner	keiner
Interner Speicher		k.A.	k.A.
Vorschaubildansicht		Live Video	Live Video
Auslesezeit	s	0.1 (full Frame)	>0.005 (0.02 volle Auflösung)
Schnittstelle		USB 2.0	USB 3.0 (MAC OS X kompatibel!)
galvanische Trennung		nein	nein
Kabellänge ST4	m	optional	nein
Kabellänge USB	m	2.1	1.8
Software		Atik Image Processing	Celestron iCap, IC Capture iCap, DirectShow, Firecapture
Bedienung		via PC	via PC
LCD		nein	nein
Kamera Fernsteuerung		ja	ja
Stromversorgung		12VDC/0.55A	Via USB
Kabellänge Power	m	k.A.	1.8
Gewicht	g	350	100
Auflagemass	mm	k.A.	k.A.

Eine detaillierte Vergleichstabelle zur Evaluierung ist auch auf meiner *Homepage* einsehbar unter:
https://www.robani.ch/Vergleich Planeten Kameras.pdf

Nach den Bewertungen gemäss obiger Tabelle fällt meine Wahl auf die extrem schnelle Color-Planetenkamera Skyris 236C von Celestron mit der grössten Bildauflösung (1920x1200 *Pixel*).

Die Skyris 236C mit ihren 2.3 MPixel ist eine total neue Welt in Sachen *Performance* verglichen mit meiner bisherigen *Omegon Solar System Imager* Planetenkamera mit nur 0.3 MPixel.

Technische Daten der Planetenkamera Celestron Skyris 236C

Sensor	Sony EXMOR CMOS-*Chip* IMX236LQJ
Aktive *Pixel*	1920 x 1200 (2.3 MPixel)
Pixel-Grösse	2.8 µm x 2.8 µm (quadratische *Pixel*)
Chip-Grösse	5.44 x 3.42 mm (Diagonale 6,4 mm)
Datentiefe	12 Bit (color)
Datenübertragung	60 Bilder pro Sekunde (HD Auflösung)
Download	54 MHz
Bildrate	bis zu 200 Bilder pro Sekunde
Interface	USB3.0
Belichtungszeiten	0.0001 – 0.2 Sekunden
Kühlung	Keine Kühlung
Stromversorgung	via USB-Kabel
Autoguider	kein *Autoguide*-Port ST4 (RJ-12)
Teleskopanschluss	C-Gewinde (innen) Adapter 1.25"
Filtergewinde	M28.5x0.5 (1 1/4"), innenliegend
Auflagemass	19 mm (C-Gewinde)
Abmessung	L = 43 mm, D = 43 mm
Gewicht	100 g
PC Programm	*IC Capture* (wird mitgeliefert)

28. März 2016

Test der neuen Planetenkamera am 400 mm Teleobjektiv

Ich habe dazu auf den Kirchturm gezielt und dabei gleich auch noch meine aus einem grauen 70 mm PVC Abflussrohr selbstgebaute Taukappe getestet, um sicher zu sein, dass der Bildausschnitt durch das lange Rohr nicht eingeschränkt wird.

Bild 77: Planetenkamera am 400 mm Teleobjektiv.

Bild 78: Das erste live Videobild des Kirchturms am PC mit meiner neuen schnellen Skyris 236C Color-Planetenkamera. Der 'Rotstich' ist bei Astrokameras üblich (grösser Rot-Anteil).

Kapitel 14: Nützliche Hilfsmittel

21. April 2012

Bau einer WiringBox

Um das Verkabelungskonzept zu vereinfachen, habe ich mir heute eine spezielle Kabelbox, die ich *WiringBox* nenne, gebaut, welche den Kabelsalat vom Teleskop zum PC-Arbeitsplatz auf ein Minimum beschränkt. Es werden damit nur noch eine 12VDC Leitung zur Versorgung und eine USB3.0 Verbindung für die Datenübertragungen benötigt, alles andere wird in dieser sogenannten *WiringBox* verteilt mittels einem 12VDC Schaltverteiler und einem kleinen vierfach USB3.0 Hub.

Die Idee mit der *WiringBox* ist mir deshalb gekommen, weil mich der Kabelsalat mit den langen Kabeln am Boden schon bei früheren Installationen immer gestört hatte, als ich nur die Kabel zur Stromversorgung der Montierung und der LED-Beleuchtung des Okulartisches, sowie das USB2.0 Kabel der *Omegon Solar System Imager* CCD-Kamera benötigte.

All diese Kabel mit ihren Verlängerungen am Boden waren bisher im Dunkeln echte Stolperfallen, vor allem dann, wenn das Teleskop auf einer Wiese aufgestellt war und alle Kabel lose auf dem Gras herumlagen.

Besser wäre es, nur noch zwei Kabel zu haben, eines für die Versorgung mit 12VDC und ein USB3.0-Kabel, und diese dann am Boden in der Wiese mit Drahtbügeln zu fixieren.

Zudem kommen am Teleskop noch einige Kabel mehr dazu :

- Die RS232 Fernsteuerung des Handheld Terminals mit *Stellarium* vom *Netbook* via USB2.0 *Interface.*
- Die Auslesung des GPS-Empfängers durch den *Netbook* via USB2.0.
- Die 12VDC Stromversorgung der neuen Farb-CCD-Kamera für deren Kühlung.
- Die Auslesung und Steuerung der Farb-CCD-Kamera durch den *Netbook* via USB2.0.
- Die Auslesung und Steuerung der s/w Leitkamera durch den *Netbook* via USB2.0.

Der vierfach USB-Hub schafft zwar Abhilfe bei den vielen USB-Verbindungen, aber nur dann, wenn er nahe beim Teleskop angebracht ist, denn nur so lassen sich daran das RS232 *Interface,* der GPS-Empfänger, die Farb-CCD-Kamera und die monochrome Leitkamera direkt anschliessen. Um aber sicher zu sein, dass auf der 5VDC für die USB-Anschlüsse genügend Versorgungsleistung zur Verfügung steht, muss noch ein Stromversorgungsmodul, welches aus 12VDC die für den USB3.0 Hub benötigten 5VDC erzeugt, angeschlossen werden. Dieses muss aber erst noch angeschafft werden.

Um alle diese Verteiler, *Interfaces,* Stromversorgungen und den GPS-Empfänger geordnet unterzubringen, habe ich mir eine sogenannte *WiringBox* gebaut. Sie basiert auf einem kleinen Standardkunststoffkoffer 40x30x8 cm aus grauem Kunststoff. Das gleiche Modell habe ich schon für die Gegengewichte verwendet.

In der Kofferschale habe ich auf der linken Seite alles, was mit USB zu tun hat untergebracht und im Deckel einen Haspel eingebaut, um die 5m USB3.0 Kabel aufzuwickeln.

Der GPS-Empfänger funktioniert auch im geschlossenen Koffer einwandfrei, weil alles aus Kunststoff ist.

Davon EMV-technisch getrennt ist auf der rechten Seite die gesamte 12VDC Versorgung mit einem vierfach Schaltverteiler mit geschalteten KFZ Steckdosen und der 12V Batterietester untergebracht. Er dient als zusätzliche Ladekontrollanzeige des Akkus in der *PowerBox.*

Im Deckel ist ein zweiter grosser Haspel für das 5 m lange 12V Kabel zur *PowerBox* und das 5 m lange dünnere 12V Kabel zur Montierung eingebaut, denn ich will das lange Originalkabel von Celestron zur Stromversorgung der Montierung nicht kürzen.

In der Mitte zwischen USB3.0 Hub und Schaltverteiler ist noch ein Platz frei für ein zusätzliches Stromversorgungsmodul von 12VDC auf 5VDC zur Einspeisung des USB-Hubs, falls mehr Leistung benötigt wird, als mein *Netbook* via USB3.0 Anschluss liefern kann.

Sämtliche USB-Komponenten im Koffer sind mit praktischen Klettverschlüssen montiert und können so leicht ausgetauscht werden. Die 12V Komponenten sind geklebt. Die Kofferschale bleibt so komplett ohne Löcher und ist damit dicht gegenüber dem Boden, falls sie mal ins feuchte Gras gelegt werden müsste.

Diese Kunststoffbox in Kofferform habe ich später noch mit einer LED-Beleuchtung mit Batteriebetrieb und Magnetschalter ausgestattet, sodass beim Öffnen der Box automatisch das Licht eingeschaltet wird, damit man nachts zum Ausstecken und Aufwickeln der Kabel etwas Licht hat.

Der Einsatz dieser *WiringBox* ist so vorgesehen, dass man sie unter dem Teleskop am Okularteller des Stativs festmachen kann, sodass keine Kabel, welche im Bereich des Teleskops benötigt werden, den Wiesenboden berühren und nachts zu Stolperfallen werden könnten.

Wie sich später herausstellte, ist die Befestigung der *WiringBox* am Stativ des Teleskops nicht optimal, weil sie aufgrund der relativ grossen Fläche zu viel Angriffsmöglichkeit für den Wind bietet.

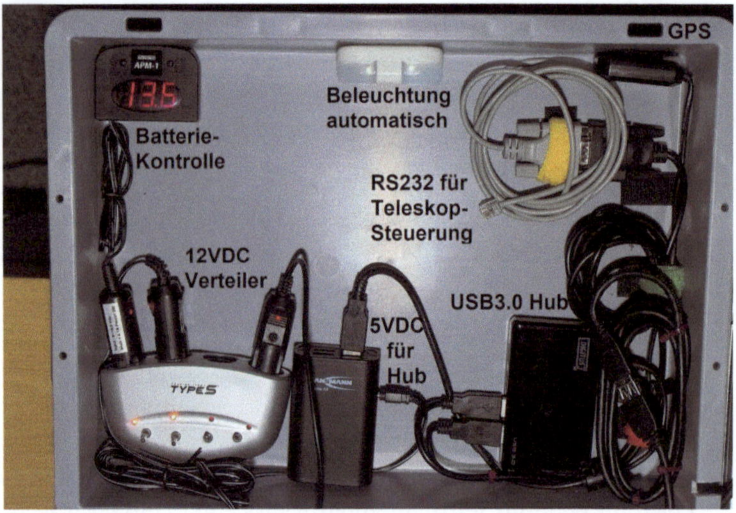

Bild 79: Erste Version meiner *WiringBox* (Stand 2012).

Diese erste *WiringBox* wurde im Mai 2014 durch eine grössere Version, *WiringBoxII* genannt, ersetzt, die mit viel mehr Möglichkeiten und Anschlüssen ausgestattet ist und nicht mehr am Stativ des Teleskops befestigt wird.

Im September 2018 wurde die grössere *WiringBoxII* nochmals modernisiert und anstelle des 4-fach USB3.0 Hub mit einem moderneren 7-fach USB3.0 Hub ausgerüstet, welcher zusätzlich auch noch über zwei Ladeausgänge für *Smartphones* verfügt und direkt mit 12VDC versorgt werden kann, so dass auf ein zusätzliches Stromversorgungsmodul von 12VDC auf 5VDC zur Einspeisung des USB3.0 Hubs verzichtet werden kann.

3. August 2013

<u>Aufbau der Zeltsternwarte</u>

Heute habe ich zum ersten Mal die Zeltsternwarte, welche ich zuvor am Tag der offenen Tür bei Astroshop gekauft hatte, aufgestellt. Allerdings muss ich das ohne Bedienungsanleitung machen, denn diese fehlte leider in der Packung und ist auch nachträglich nicht erhältlich. Ich habe deshalb eine ausführliche Fotodokumentation und eine Bedienungsanleitung als PDF-Datei zum Aufstellen der Zeltsternwarte erstellt und sie an den Astroshop.de gesandt, was dankend angenommen wurde.

Bild 80: Zeltsternwarte mit Dachabdeckung.

Technische Daten:

Durchmesser	2.8 m
Höhe	1.4 m
Öffnungsdurchmesser	2.0 m
Gewicht	4.5 kg

Sämtliches Material für die ganze Zeltsternwarte ist in einer praktischen Stofftragetasche eingepackt.

Februar bis Mai 2014

Die neue WiringBox

Für die neue *WiringBoxII* (erweiterte Kabelkiste) habe ich mir eine, um einiges grössere graue Kunststoffbox mit Klappdeckel besorgt, als diejenige der bisherigen *WiringBox*. Zu den bisher benötigten Anschlüssen sind einige neue dazugekommen, vor allem im Hinblick auf die Astrofotografie, welche zusehends immer mehr an Elektronik voraussetzt.

Dazu gehören neu:

- *Flat-Field* Generator für ein weisses Referenzbild
- Motorfokus-Steuerung für Autofokus
- 12VDC für Heizbänder mit Steuerung
- Rotlicht für Polsucherbeleuchtung

Neu sollen die meisten Anschlüsse für die 12VDC Versorgung und den USB3.0 Datenaustausch aussen an der *WiringBoxII* einsteckbar sein. Das bedingt aber geschützte Steckanschlüsse mit wasserdichten Abdeckkappen.

Dadurch muss die *WiringBoxII,* ist sie erst einmal aufgestellt und verkabelt, nicht mehr andauernd auf- und zugemacht werden, was auch das Eindringen von Feuchtigkeit unter dem kühlen Nachthimmel auf ein Minimum reduziert, zumal sie auf vier relativ hohen Kunststofffüssen am Boden unter dem Stativ des Teleskops platziert wird. Auch dringt dann kein störendes Licht von den vielen Kontrolllämpchen und der Anzeige der Spannungsüberwachung des Akkus nach aussen.

Box:

Als Erstes habe ich der grauen RAKO Kunststoffkiste mit den Abmessungen 400x300x220mm 30mm hohe Kunststofffüsse verpasst, damit sie nicht direkt auf dem Wiesenboden steht. Die gleichen Füsse hatte ich übrigens schon bei meiner *PowerBox* verwendet, die mir als zentrale 12VDC Stromversorgung dient.

Bild 81: Die grössere Kunststoffkiste für die *WiringBoxII.*

Die neue Box wird im Gegensatz zur Vorgängerin nicht mehr am Teleskopstativ selbst befestigt, wo diese eine zu grosse Windempfindlichkeit hatte und auch die Erschütterungsgefahr beim Bedienen und Umstecken viel zu gross war. Sie wird am Boden zentral unter dem Stativ positioniert.

12VDC Versorgungen:

In die Kunststoffbox habe ich einen Zwischenboden eingebaut, unter welchem die gesamte 12VDC Leistungsversorgung über einen Fastonverteiler verkabelt wird, nachdem die Zuleitung vom 12V Haspel zuerst durch einen grossen Klappferritfilter geführt wird, um hochfrequente Störsignale zu unterdrücken.

Am Fastonverteiler sind alle 12VDC Steckdosen angeschlossen, bestehend aus einem vierfach KFZ Steckverteiler in der Box und zwei KFZ Doppeldosen auf der Rückseite der neuen Box. Damit stehen auch auf der Aussenseite zusätzlich nochmals vier 12VDC Anschlüsse zur Verfügung.

An den internen 12VDC Anschlüssen können über den vierfach Verteiler folgende Geräte angeschlossen werden:

- 12VDC Versorgung der Montierung über das 5 m lange Originalkabel von Celestron auf dem Haspel.
- Spannungswandler 12VDC/5VDC zur Versorgung des vierfach USB3.0 Hub in der Box.
- Batteriekontrolle (Digital-Voltmeter) in der Box.
- Wahlweise an der vierten 12V Dose:

➔ AC-Spannungswandler für den *Flat-Field* Generator
➔ Ladegerät für die weisse LED Akku-Arbeitsleuchte
➔ Rotes Arbeitslicht in der Box

An den vier externen 12VDC Anschlüssen werden folgende Geräte bei Bedarf angeschlossen, ohne die Box zu öffnen:

- Power 1: Heizbänder mit Steuerung (Tauschutz)
- Power 2: Polsucherbeleuchtung oder Aussenleuchte
- Power 3: Motorfokus (Versorgung des Motors)
- Power 4: Farb-CCD-Kamera (Versorgung der Kühlung)

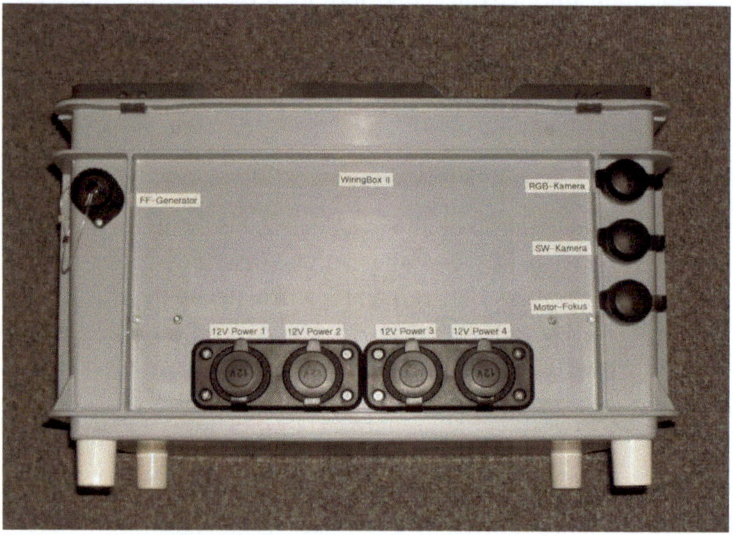

Bild 82: *WiringBoxII* mit wasserdichten Anschlüssen auf der Rückseite.

Spannungsversorgung für *Flat-Field* Generator links:

Ein 130VAC/1200Hz Inverter liefert die Versorgungsspannung für den *Flat-Field* Generator. Diese hohe Spannung wird über eine verschliessbare wasserdichte CA-Dose links oben auf der Rückseite der Box zur Verfügung gestellt (FF-Generator). Der mit 12VDC versorgte EL-Inverter selbst befindet sich in der Box, wo er vor Feuchtigkeit geschützt ist.

Datenanschlüsse:

Über die vielen USB3.0-fähigen Anschlüsse werden sämtliche steuerbaren Geräte zentral mit dem *Netbook* PC verbunden.

Am internen USB3.0-Hub:

- Drei USB3.0 Dosen für Aussenanschlüsse auf der Rückseite.
- Wahlweise am vierten USB3.0 Anschluss:

➔ GPS Empfänger mit USB2.0 (Koordinatenbestimmung an einem neuen Standort).

➔ Serieller Schnittstellen-Konverter USB2.0/RS232 zur Fernsteuerung des Teleskops vom *Netbook* aus mittels *Stellarium* via das *NexStar* Handheld Terminal.

An den externen USB3.0 Dosen auf der Rückseite rechts werden folgende Geräte bei Bedarf angeschlossen, ohne die Box zu öffnen:

- RGB-Kamera: Steuerung und Bilddatenübertragung der CCD-Astrokamera.
- S/W-Kamera: Steuerung und Bilddatenübertragung der der Leitkamera.
- Motor-Fokus: Steuerung und Übertragung der Daten zur Korrektur der Bildschärfe für den Autofokus.

Layout:

Sämtliche Komponenten innerhalb der Box sind entfernbar bzw. können leicht ausgewechselt werden, denn die meisten sind mittels Klettverschlüssen befestigt. Einzige Ausnahme ist der vierfach KFZ Verteiler für die 12VDC, welcher auf einer Einschubschiene eingerastet ist. So können innert kurzer Zeit alle Komponenten, ohne eine einzige Schraube zu lösen, entfernt werden. Dann kann der Zwischenboden hochgeklappt werden, um an die darunter liegenden 12VDC Anschlüsse und den grossen Fastonverteiler zu gelangen. Momentan nicht benötigte Verbindungsleitungen können im aufgerollten Zustand mit Klettverschlüssen fixiert werden z. B. die RS232 Verbindung zum Handheld Terminal der Montierung oder der USB-Anschluss des GPS-Empfängers.

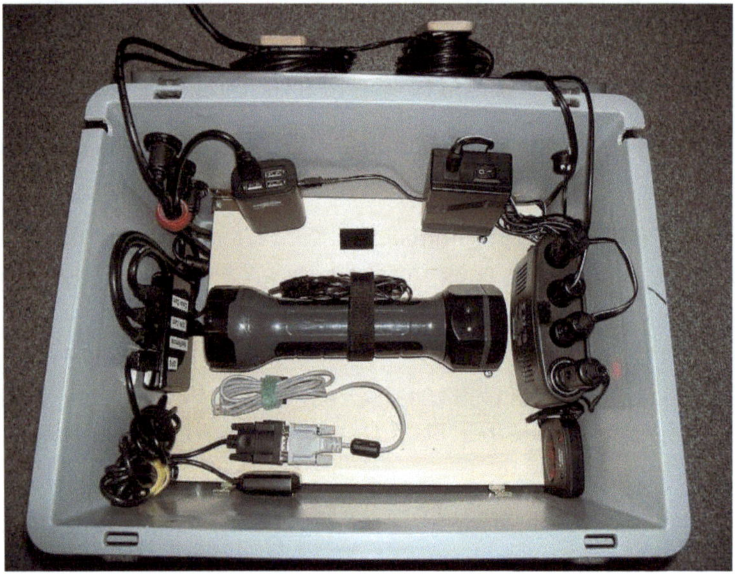

Bild 83: *WiringBoxII* Layout der Innenseite (Stand 2014).

Die 5m langen Zuleitungen vom PC-Arbeitsplatz (12VDC von der *PowerBox* und USB3.0 vom *Netbook*) können auf zwei Haspeln an der Innenseite des Deckels aufgerollt werden.

Die gesamte Verkabelung für die Astrofotografie im Feldbetrieb umfasst Verbindungen zu folgender Elektronik:

- Montierung (12VDC und RS232)
- Color-CCD-Kamera (12VDC und USB2.0 oder USB3.0)
- S/W-CCD-Leitkamera (USB2.0)
- Motorfokus (12VDC und USB2.0)
- *Flat-Field* Generator (130VAC/1kHz)
- Polsucher-Beleuchtung (12VDC)
- Heizbänder oder Arbeitslicht (12VDC)
- *Netbook* PC (USB3.0), Länge 5 m mit Signalverstärker
- *PowerBox* (12VDC), Länge 5 m

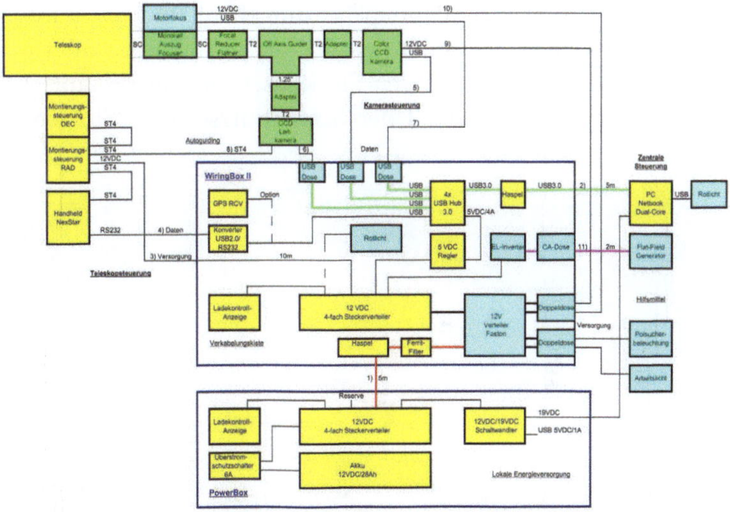

Blockdiagramm 3:
Gesamter Verkabelungsaufwand für die Astrofotografie, wenn dabei eine gekühlte CCD-Astrokamera und eine Leitkamera via *Off Axis Guider* sowie ein Autofokus (Motorfokus) benutzt werden. Die blauen Komponenten sind neu dazugekommen.

Detaillierte Angaben zur Verkabelung auf meiner *Homepage*: https://www.robani.ch/WiringBoxII_Bau.htm

Februar bis Mai 2014

<u>Die neue PowerBox:</u>

Das ist meine neue *PowerBoxII,* wie ich meine selbstgebaute autonome Energieversorgung nenne. Sie besteht aus einem 28Ah 12V Gel-Akku und einem 230VAC/300W Wechselrichter.

Das Ganze ist in einer 'Miniharasse' 18x36x27 cm untergebracht mit Schutzdeckel gegen Betauung und Traggriffen für den Transport, denn das Teil hat doch immerhin ca. 13 kg und das ohne den Wechselrichter (mit Wechselrichter über 14 kg).

Im Innenraum sind ausser dem gepolstert gelagerten Akku auch ein schaltbarer vierfach Zigarettenstecker-Verteiler sowie ein digitales Akkuüberwachungsgerät vorhanden.

Diese separat schaltbaren Steckdosen machten Probleme. Die *PowerBox* wurde deshalb später umgebaut und hat nun einen neuen vierfach Zigarettenstecker-Verteiler ohne Schalter, dafür mit bis zu 10A belastbaren Steckdosen und als Hauptschalter einen rückstellbaren 6A Überstromschutzschalter (Stotzen).

Bild 84: *PowerBox* in geschlossenem Zustand (Betrieb).

Die erste Version der *PowerBox* wurde bereits 2011 gebaut.

Bild 85: Alte *PowerBox*, Innenansicht mit dem schaltbaren 12VDC Verteiler und dem Wechselrichter 230VAC/300W.

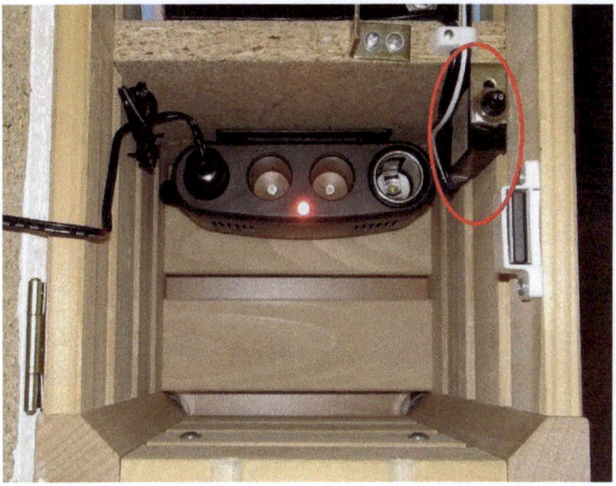

Bild 86: Neue *PowerBoxII*, Innenansicht mit vierfach Verteiler für 12VDC und mit 6A Überstromschutzschalter (Stotzen) als Hauptschalter. Der Stauraum ist für das Ladegerät des Akkus und den Spannungswandler zum Laden des neuen *Notebooks*.

26. Januar 2019

Power Bank:

Ich habe mit der Evaluierung einer neuen Generation von *PowerBox* begonnen, einer sogenannten *Power Bank*. Dabei soll eine modernere Akkugeneration zum Einsatz kommen, welche sich vor allem durch eine sehr grosse Gewichtsersparnis auszeichnet, ohne auf eine grosse Kapazität zu verzichten.

Unter der Berücksichtigung meines Rentneralters und der Tatsache, dass auch Frauen eigene Teleskope im Feld betreiben, wäre es doch wünschenswert, die gleiche Menge Energie mit wesentlich weniger Kraftaufwand transportieren zu können. Bei einem mehrtägigen Einsatz im Feld, wo kein 230VAC Netzanschluss verfügbar ist, wäre es zudem sinnvoll, wenn die *Power Bank* auch im Auto mit 12VDC oder mittels Solarzellen tagsüber draussen wieder aufgeladen werden könnte.
Sie kann....

Bild 87: Neue *Power Bank* mit 278 Wh bei nur 2.2 kg Gewicht, die nebst 2x 12VDC bei max. 10A (Total 15A = 180W) sowie 230VAC bis 100W, zusätzlich auch noch *Handys* laden kann und dazu noch über eine helle LED-Lampe verfügt, die das Aufräumen nachts erleichtert. Die 12VDC Anschlüsse für die Verbraucher erfolgen über Adapterkabel mit KFZ Buchsen.

Kapitel 15: Teleskopzubehör

23. Oktober 2011

Teleobjektiv

An der Retro-Technica Messe in Fribourg habe ich mir für nur CHF 10.- ein gebrauchtes RUBICA 400 mm Teleobjektiv mit f/6.3 gekauft.

Damit lässt es sich als Leitfernrohr oder auch für *Wide-Field* Aufnahmen verwenden. Es hat ein T2 Gewinde und mit einem speziellen Adapter für das M42 ('Russengewinde') passt es auch auf den M42-Bajonettadapter zu meiner digitalen Sigma SD9 Spiegelreflexkamera.

Es lässt sich dank entsprechendem Foto-Gewinde auf der Unterseite auch auf jedes handelsübliche Stativ aufschrauben.

Bild 88: Teleobjektiv 400 mm, RUBICA, f/6.3, Gewicht 712 g.

Ich habe es bereits auf meinem Balkon ausprobiert und von da aus das Kreuz auf der Kirche fotografiert. Ich bin über die Qualität dieses Teleobjektivs der mir unbekannten Marke RUBICA doch sehr erstaunt, vor allem von dessen Schärfe und der homogenen Ausleuchtung bis in die Bildecken.

Bild 89: Testfoto mit Teleobjektiv 400 mm RUBICA und Sigma SD9 Digital-Spiegelreflexkamera.

Ich werde später einmal versuchen, damit Astrofotos von grösseren Himmelsausschnitten (*Wide-Field)* zu machen.

Dazu brauche ich allerdings zuerst noch eine zusätzliche Schwalbenschwanzschiene, um damit das kleine Teleobjektiv mitsamt Kamera auf meine AS-GT Montierung zu setzen.

21. Oktober 2012

Monorail-Auszug

Heute nutze ich das schöne Herbstwetter, um endlich einmal die Fokussierung mit dem neuen Monorail-Auszug zu testen. Das geht das erste Mal bei Tageslicht auf dem Eppenberg eindeutig besser, als irgendwo draussen in der Nacht. Zum Testen verwende ich wie immer die Turmuhr des Kirchturms von Bichwil.

Zuerst stelle ich mein SC 235 Teleskop ganz normal wie bisher auf und benutze zur Betrachtung des Kirchturms von Bichwil den Zenitspiegel sowie das 32 mm Okular. Nach dem Fokussieren auf die Turmuhr entferne ich den Zenitspiegel und den 1.25" Adapter und schraube stattdessen den neuen Monorail-Auszug direkt auf das 2" SC Gewinde des Celestron Teleskops. Anschliessend stecke ich das 32 mm Okular wieder in den entsprechenden 1.25" Adapter des neuen Monorail-Auszugs.

Bild 90: Fokussiertest mit dem massiven Monorail-Auszug am SC 235 Teleskop. Dieser Auszug ist für 2" sowie für 1.25" Okulare und verschiedene Kameraadaptionen geeignet.

Ich drehe den Monorail-Auszug um 1 bis 2 cm heraus, um anschliessend genügend Fokussierbereich zu haben, ohne dabei zuviel Überhang zu erzeugen, und stelle das Bild dann mit der Spiegelfokussierung am Teleskop wieder scharf. Nun kann ich mit den Drehknöpfen am Monorail-Auszug arbeiten und die Schärfe mit den silbergrauen Rädern grob einstellen und mit dem schwarzen Rad mit 10-facher Untersetzung fein justieren. Das funktioniert alles wunderbar.

Ich entferne das Okular und stecke nun den Zenitspiegel dazwischen, um den Fokussierbereich mit dieser üblicherweise zur Beobachtung verwendeten Kombination zu prüfen. Auch hier passt der Fokussierbereich problemlos.

Nun gilt es ernst, denn die Fokussierung muss schlussendlich für die Astrofotografie auch auf die Kameras passen. Dazu setze ich nun auch zum ersten Mal meinen neuen f/6.3 Bildfeldebener von Celestron ein, welcher mit seinen 2" SC Gewinden zwischen Teleskoptubus und Monorail-Auszug geschraubt wird. Dann kontrolliere ich das Bild der für den Test aufgesetzten Planetenkamera auf dem *Netbook*. Passt, alles ist scharf.

Nachtrag: Wie ich inzwischen herausgefunden habe, war das so nicht korrekt, denn der Bildfeldebner (*Flatner*) gehört hinten direkt an den Auszug damit die optische Distanz zwischen dem Bildfeldebner und dem CCD-*Chip* der Kamera konstant bleibt. Dabei sollte man die Distanz einhalten, welche von Hersteller als optimal angegeben wird. Weil aber der Monorail-Auszug auf der hinteren Seite kein SC-Gewinde hat, sondern einen 2" Innentubus, muss ein entsprechender Adapter verwendet werden, welcher wieder ein SC-Gewinde zur Verfügung stellt.

Teleobjektiv:

Bei der Verwendung meines normalen Teleobjektivs 400 mm f/6.3 anstelle eines Teleskops wird der Bildfeldebner nicht benötigt, da diese Optiken bereits für eine grossflächige Belichtung für 24x36 mm Film bzw. den CCD-Sensor der Fotokameras korrigiert sind.

9. Juli 2012

<u>ClickLock Klemme</u>

Heute Abend habe ich die neue *ClickLock* Klemme mit meinem 400 mm Teleobjektiv und einem 1.25″ 32 mm Okular getestet.

Nun klappt es auch mit der Scharfstellung. Wenn man das Teleobjektiv absichtlich knapp unscharf einstellt, dann kann man mit der Mikrofokussierung der *ClickLock* Klemme die Schärfe in einer Richtung super fein einstellen, weil diese aus der Grundstellung heraus die Brennweite durch Herausdrehen verlängert. Es empfiehlt sich aber nicht, die Schärfe mit der Grobeinstellung schon absolut korrekt zu justieren, denn der Mikrofokus dieser *ClickLock* Klemme lässt sich nur in einer Richtung präzise nachstellen, indem das eingesteckte Teil (Okular oder Astrokamera mit 1.25" Adapter) langsam herausgeschoben wird. Hat man zu weit herausgedreht und es ist auf die andere Seite nicht mehr scharfgestellt, dann hilft nach dem Zurückdrehen des Mikrofokus nur das Lösen der Klemme und das eingesteckte Teil muss wieder manuell zurückgeschoben werden. Dann einen zweiten Versuch starten. Funktioniert das nicht, muss am Teleobjektiv selbst wieder grob korrigiert werden. Der Fokussierhub beträgt maximal 6mm.

Bild 91: Die *ClickLock* Mikrofokus-Klemme mit eingesetztem 1.25″ 32 mm Okular am 400 mm Teleobjektiv.

15. Dezember 2012

Witty1 für Leitrohrmontage

Das Witty1 ist ein Schnellmontagesystem, basierend auf zwei Tangentialverstellungen mit Feintrieben in beiden Richtungen und einem Fotogewinde für mein Teleobjektiv. Es wird mit einer kleinen Schwalbenschwanzfixierung auf das Teleskop montiert.

Meine Gewichtseinsparung gegenüber einer Montage mit der Losmandy-Schiene und Leitrohrschellen beträgt -1.923 kg.

Bei einer maximalen Traglast meiner Montierung von 13 kg sind 2 kg einiges weniger und würden den Einsatz des 400 mm Teleobjektivs als separates Leitteleskop doch noch ermöglichen.

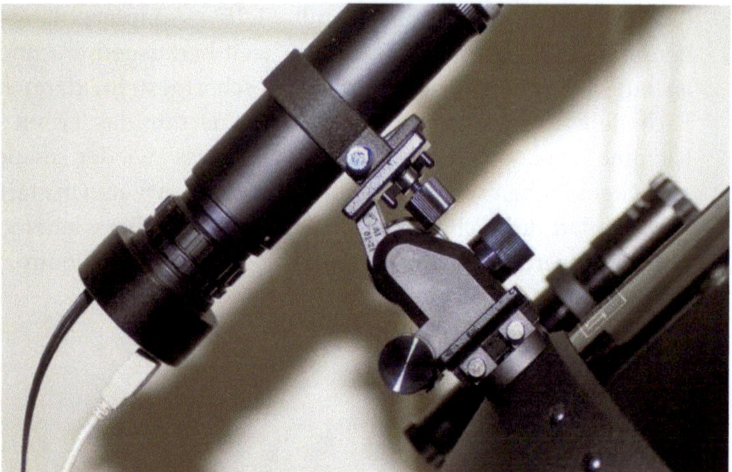

Bild 92: Mein 400 mm Teleobjektiv als Leitteleskop mit dem Witty Schnellmontagesystem auf dem Hauptteleskop montiert.

Auf dem Witty Schnellmontagesystem könnte zudem auch ein noch leichteres, speziell für das *Autoguiding* ausgelegtes kleines Leitteleskop z. B. ein 50x200 mm f/4 zum Einsatz kommen.

15. - 19. April 2013

Off Axis Guider

Die Nachführkamera für das *Autoguiding* wird an einem optischen Verzweiger dem *Off Axis Guider* montiert, welcher im Strahlengang des Hauptteleskops sitzt, seinen Bildausschnitt aber ausserhalb des Strahlengangs der Hauptachse (*off Axis*) des zu fotografierenden Bildes abzweigt. Dabei sollte das kleine Spiegelchen oder Prisma möglichst nicht in den Strahlengang der Hauptachse für die eigentliche Fotografie hineinreichen, weil sonst das Bild gestört wird. Der Vorteil des *Off Axis Guiders* ist die grosse Gewichtseinsparung durch den Verzicht auf ein zusätzliches Leitteleskop.

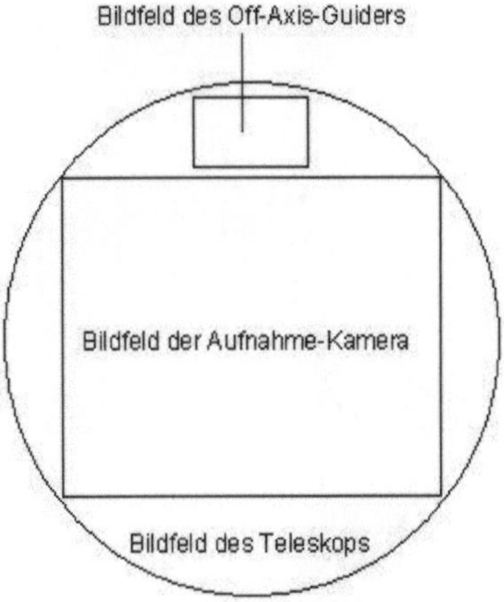

Bild 93: Bildaufteilung im *Off Axis Guider*.

Der grosse Nachteil eines gemeinsamen Teleskops für die Nachführung und die Fotografie ist die Abhängigkeit der separaten Fokussierung für Astrokamera und Nachführkamera. Die optischen Abstände dieser beiden CCD-Kameras müssen so präzise abgeglichen werden, dass beide bei der optimalen Scharfstellung des Teleskops ein scharfes Bild erzeugen.

Dieser Abgleich wird entweder durch die präzise Wahl der Steckhülsenlänge erreicht oder man verwendet einen kleinen zusätzlichen Auszug, vorzugsweise an der Nachführkamera, was aber wieder zusätzliches Gewicht bedeutet, das man eigentlich vermeiden will. Grundsätzlich muss die optische Distanz, gemessen vom Ende des Auszugs bzw. des *Reducer/Flatner* bis zu den CCD-Chips der beiden Kameras, absolut identisch sein. Dabei muss man auch die angegebenen Auflagemasse kennen, da ja nicht in den Kameras selbst bis zum CCD-*Chip* gemessen werden kann.

Bild 94: RCC *Off Axis Guider* (auch *Radial-Guider* genannt).

Der *Off Axis Guider* hat dafür den Vorteil, dass kleine Fehler, die durch Spiegelverkippung im Teleskop entstehen können, bei der Nachführung auch mitberücksichtigt sind.

15. April 2013

Problem Fokusversatz

Ich habe versucht mit meinen zur Verfügung stehenden Komponenten eine *Off Axis Guider* Variante aufzubauen unter Verwendung des Monorail-Auszugs und des *Reducer/Flatner*.

Bild 95: Erster Versuch mit meinem neuen *Off Axis Guider* und der CCD-Astrokamera.

Der Aufbau einer OAG (*Off Axis Guider*) Lösung mit meinen bestehenden Teilen funktioniert leider nicht, da ich damit die folgenden vorgegebene Distanzen nicht einhalten kann!

Optimaler Abstand *Reducer/Flatner* zu CCD der Astrokamera:

Dieser Abstand sollte gemäss Herstellerangaben bei **105 mm** sein (Minimum 80 mm, Maximum 120 mm, wobei man da schon Abstriche in seiner Wirkung machen muss).

Mit diesem Aufbau sind es aber bis zur CCD-Astrokamera bereits ca. **125 mm!**

Gefordert ist zudem ein absolut identischer Abstand für die Bildprojektion zum CCD-Sensor der Color Astrokamera und dem CCD-Sensor der s/w Leitkamera.

Der Abstand vom Ausgang des *Reducer/Flatner* zum CCD-Sensor der Farbkamera beträgt so 125 mm (mit SC-T2 Adapter) und ist damit viel zu gross!

Der Abstand vom Ausgang des OAG zum CCD-Sensor der Leitkamera beträgt so sogar ca. 156.5 mm obwohl der 1.25" Tubus der Leitkamera ganz in den OAG eingeschoben ist!

Das ergibt einen Fokusversatz von sage und schreibe **31.5 mm!** Das gäbe auf der Leitkamera niemals ein scharfes Abbild des Leitsterns. Zudem gibt es am Übergang vom *Reducer/Flatner* zum SC Adapter keine bündige Auflage, weil das Innengewinde dort zu kurz ist.

Dasselbe passiert auch beim Übergang vom OAG zur CCD-Astrokamera. Deren Innengewinde ist nur 3 mm tief und damit auch zu kurz um die Auflagefläche des Adapters zu erreichen.

Fazit:

Basierend auf meiner Berechnungstabelle müssen folgende Massnahmen getroffen werden:

1. Die Distanz zwischen *Reducer/Flatner* und dem CCD der Leitkamera via OAG muss massiv verkürzt werden auf optimal **105 mm**.

2. Die Distanz zwischen *Reducer/Flatner* und dem CCD der Farbkamera via OAG muss so verlängert werden, dass sich eine optimale Distanz von **105 mm** ergibt.

3. Zwischen dem OAG und der CCD-Farbkamera müssen passende Zwischenringe eingefügt werden, um diese Distanzen zu erreichen.

4. Zwischen dem OAG und der Leitkamera muss ein passender Distanzring eingefügt werden, welcher dann den Fokusversatz auf **0.0 mm** reduziert.

Adapterset:

Ich habe mir deshalb ein Bresser Adapterset gekauft.

Bild 96: Adapterset zur Distanzanpassung.

Damit lässt sich die Distanz vom *Reducer/Flatner* bis zum Eingang des OAG durch den kurzen SC-T2 Adapter auf 7.5 mm reduzieren.

Die Distanz vom Ausgang des OAG bis zum CCD der Farbkamera wird mit zwei T2 Zwischenringen um 45 mm verlängert (30 mm + 15 mm).

Dadurch wird eine Distanz von **108 mm** vom *Reducer/Flatner* bis zum CCD erreicht (optimal wären 105 mm). Das passt.

Distanzring:

Zwischen dem OAG und der Leitkamera wird dann gemäss meiner Excel Berechnungstabelle ein Distanzring von 8.5 mm Länge mit 1.25“ Innendurchmesser übergestülpt, welcher den Fokusversatz auf **0.0 mm** reduziert.

Diesen gewindelosen 1.25" Distanzring lasse ich mir von einem Kollegen auf der CNC Drehbank anfertigen und da er aussen über den 1.25" Adapter geschoben wird, muss er auch nicht geschwärzt werden (blankes Aluminium reicht da völlig aus). Mein Kollege hat mir ein Set aus schwarzen Kunststoffringen aus PT gefertigt mit 8.0 mm, 8.5 mm und 9.0 mm.

15. - 19. April 2013

Berechnungen für die Abmessungen von Komponenten zur Astrofotografie

Um dem mühsamen Gekritzel auf einem Blatt Papier von all diesen Längen und optischen Distanzen ein Ende zu bereiten, habe ich mit einer Excel Tabellenkalkulation auf Open Office eine Berechnungsvorlage geschaffen, die nicht nur alle notwendigen Distanzen berücksichtigt, sondern diese auch auf einer symbolischen grafischen Anordnung aller Komponenten einträgt, um das Ganze zu veranschaulichen.

Der optische Weg muss bei allen Teleskopen ab dem Auszug oder Bildfeldebner bis zu den CCDs der Astrokamera und der Leitkamera aus all den dazwischen eingesetzten Komponenten und Zwischenringen berechnet werden.

Tabellenkalkulation:

Diese Tabellenkalkulation ist auf meiner *Homepage* verfügbar und ist für einige typische *Off Axis Guider* Modelle ausgelegt, die unten an der Tabellenkalkulation gewählt werden können.

Wählbare *Off Axis Guider:*

- OAG RCC (das von mir eingesetzte Modell)
- Celestron OAG
- TSOAG27
- TSOAG9

Filename: Distanzen zu den CCDs neu-4.xls

Auf der *Homepage* zur Erklärung der Berechnungsfunktionen und zum Herunterladen des Files zu finden unter:

https://www.robani.ch/Berechnungen OAG.htm

Berechnungstabelle und grafische Darstellung für den RCC OAG

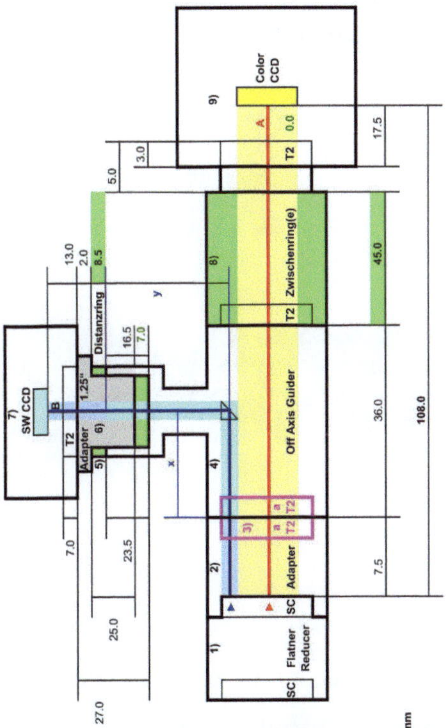

Abmessungen der Komponenten	Foto A mm	Nachführung B mm	
1) Flatner-Reducer (f/6.3 Celestron):			
Distanz CCD Chip min. (Eingabe)	80.0		
Distanz CCD Chip max. (Eingabe)	120.0		
Distanz CCD Chip optimal (Eingabe)	105.0		
Distanz zum CCD Chip effektiv	**108.0**	**108.0**	
	▼	▼	
2) Adapter SC-T2a oder T2i			
Durchgang horizontal (Eingabe)	7.5		
	▼	▼	
3) Adapter T2a-T2a: (für SC-T2i)			
Durchgang horizontal (Eingabe)	0.0		
	▼	▼	
4) Off Axis Giuder T2i-T2a/1,25"i:	RCC	RCC	
Durchgang horizontal (Eingabe)	36.0	▼▶	
Off Axis Distanz x+y (Eingabe)		77.0	fix!
Eintauchtiefe 1.25"i max. (Eingabe)		23.5	
	▼	▼	
5) Distanzring für Fokusausgleich:			
1.25"i Fokuskorrektur min.		-19.5	<0!
1.25"i Fokuskorrektur max.		20.5	<0!
1.25"i Fokuskorrektur optimal		5.5	<0!
1.25"i Fokuskorrektur notwendig		**8.5**	<0!
1.25"i Distanzring verfügbar (Eingabe)		8.5	<0!
	▼	▼	
6) T2a-1.25"a Adapter:			
Tubuslänge (Eingabe)		25.0	
Flanschdicke (Eingabe)		2.0	
Adapterlänge ab Kamera (Eingabe)		27.0	
Effektive Eintauchtiefe zur Fixierung		16.5	>10mm
Freiraum für Distanzkorrekturen		**7.0**	<0!
	▼	▼	
7) CCD SW Kamera Nachführung		Alccd5V	
Backfokus (Eingabe)		13.0	
Gewindetiefe T2i (Eingabe)		7.0	
	▼		
8) T2i-T2a Zwischenring:			
Notwendige Verlängerung min.	19.0		
Notwendige Verlängerung max.	59.0		
Notwendige Verlängerung optimal	**44.0**		
Zwischenring(e) erhältlich (Eingabe)	**45.0**		
Gewindelänge Zwischenring (Eingabe)			
	▼		
9) CCD Color Astrokamera gekühlt			
Backfokus (Eingabe)	17.5		
Gewindetiefe T2i (Eingabe)	3.0		
Fokusversatz (CCDs) A=B	**0.0**	<>0!	

Bild 97: Darstellung der Berechnungen mit Tabellenkalkulation: Distanzen zu den CCDs neu-4.xls

Beispiel für den RCC OAG.

Und so sieht der gesamte Aufbau mit dem *Off Axis Guider* und den beiden CCD-Kameras (Nachführkamera und Astrokamera) bei mir aus nach der Korrektur der beiden Distanzen.

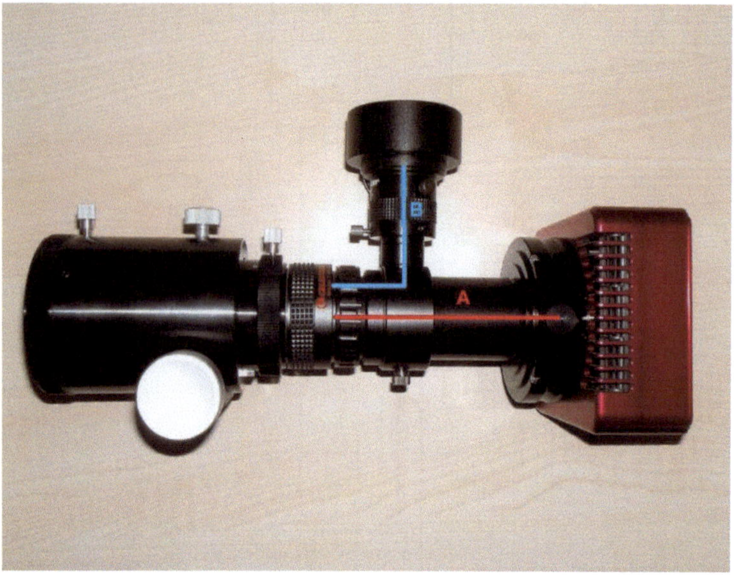

Bild 98: Optische Distanzen zu Astrokamera und Leitkamera.

A Distanz Bildfeldebner CCD-Sensor Astrokamera (106 mm)

B Distanz Bildfeldebner CCD-Sensor Leitkamera (106 mm)

Bedingung: A = B erfüllt.

28. Juli 2013

Tag der offenen Tür bei Astroshop

Beim Besuch des Tages der offenen Türe bei Astroshop in Landsberg am Lech hoffe ich weiteres geeignetes Zubehör für die Astrofotografie zu finden. Ich kaufe mir eine Bahtinov-Maske, die für die Fokuskontrolle bei der Astrofotografie benötigt wird.

Bahtinov-Maske:

Deep-Sky Fotografie betreibt man in mondlosen Nächten. Nur worauf soll man fokussieren, wenn die Objekte sowieso erst auf der Computernachbearbeitung zum Vorschein kommen?

Es sind ja jede Menge Sterne da. Nur haben diese dummerweise keine scharfen Umrisse, denn es sind eben aktive Gebilde wie unsere Sonne! Da müssen Hilfsmittel her, wie zum Beispiel die Bahtinov-Scheibe oder auch Bahtinov-Maske genannt. Zudem braucht es einen stabilen aber leichtgängigen Auszug, um den Fokus fein genug zu justieren. Die Bahtinov-Scheibe ist eine von streifenförmigen Öffnungen, welche bestimmte Winkel aufweisen, durchzogene schwarze Scheibe. Dadurch entstehen auf dem Bild strahlenförmige Verzerrungen um das Zentrum des Zielsterns. Wenn sich alle diese Strahlen im Zentrum des Sterns kreuzen, dann ist die Fokussierung perfekt. Man fotografiert also zuerst einen relativ hellen Stern, um die Scharfeinstellung vorzunehmen. Danach kann man mit dieser Einstellung beliebig drauflos fotografieren, denn alle Objekte befinden sich ja auf der optisch gleichen Distanz 'unendlich'.

Bild 99: Bahtinov-Scheibe auf meinem Teleskop SC 235 XLT.

11. Januar 2014

Suche nach einem Flat-Field Generator

Ich plane den Bau eines auf die Abmessungen meines 9.25″ Teleskops angepassten *Flat-Field* Generators, weil ich am Markt leider nichts Passendes gefunden habe.

Der Aussendurchmesser meines Celestron SC 235 Teleskops (Tubusdurchmesser) beträgt 270 mm. Die bisher am Markt erhältlichen *Flat-Field* Generatoren gehen aber leider nur bis zu einem Innendurchmesser von 260 mm! (Stand 2014). Schade....

Bild 100: Der batteriebetriebene *Flat-Field* Generator 260 mm von Geoptik ist zu klein und für die 270 mm meines 9.25″ Teleskops. Er ist leider nur für 8″ Teleskope ausgelegt.

Flat-Field Generator:

Als *Flat-Field* Generator bezeichnet man eine homogene weisse Leuchtfläche, welche vor das Teleskop montiert oder gehalten wird, um damit auch nachts ein weisses Referenzbild (*Flat)* machen zu können, welches später bei der Bearbeitung der Astrofotos dazu verwendet wird, die Unregelmässigkeiten in Sachen Lichtempfindlichkeit der einzelnen *Pixel* des CCD-Sensors zu kompensieren.

Leuchtfolie

Ich möchte eine weisse Leuchtfolie einsetzen, die über einen vorgeschalteten AC-Spannungswandler mit 130VAC/1200Hz ab 12VDC betrieben werden kann.

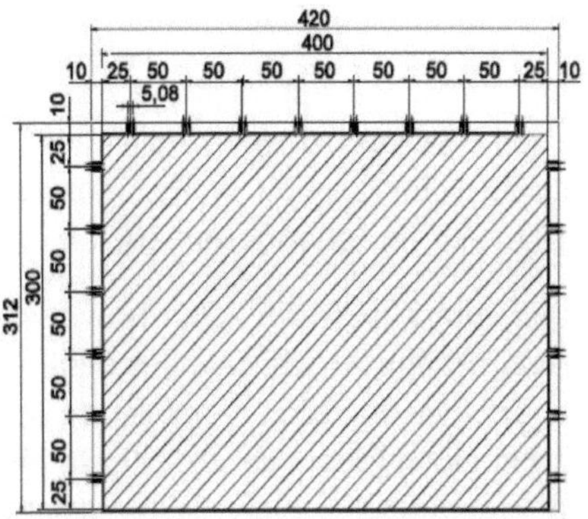

Bild 101: Abmessungen der extrem dünnen Leuchtfolie.

Solche dünne Leuchtfolien gibt es für durchleuchtete Bilder in verschiedenen Grössen (quadratisch, A4, A3, A2, usw.), wie sie oft für Werbezwecke verwendet werden. Sofern sie über genügend Anschlusspunkte verfügen, lassen sie sich auch fast beliebig zuschneiden.

Wechselspannungsgenerator

Solche Spannungswandler (EL-Inverter), die aus 12VDC ca. 130VAC mit einer Frequenz über 1000 Hz erzeugen und dadurch die EL-Folie zum Leuchten bringen, sind auf dem Elektronikmarkt erhältlich. Gute Geräte besitzen einen Schalter und haben eine separate Buchse zur individuellen Einspeisung von 12V Gleichspannung.

Montagerahmen

Als Montagerahmen für das Teleskop habe ich einen Stickring aus Buchenholz gewählt, dessen variabler Innendurchmesser von 27 bis 28 cm genau auf den Tubusdurchmesser des grossen Celestron SC 235 Teleskops passt.

Februar bis Juni 2014

<u>Bau des Flat-Field Generators</u>

Für den *Flat-Field* Generator habe ich mir eine rechteckige weisse EL-Leuchtfolie (Elektrolumineszenz Folie) im Format A3 von der Firma Lumitec aus Gais (in der Schweiz) gekauft.

Solche Leuchtfolien werden nicht nur zur Beleuchtung von extrem flachen Werbeanzeigen verwendet, sondern finden ihren Einsatz auch im Cockpit von modernen Flugzeugen und Hubschraubern aber unter anderem auch in Luxusyachten.

Diese EL-Folie vom Typ 'Multi A3 1654 weiss/weiss' ist auf drei Seiten mit einer Menge Anschlüsse bestückt und erlaubt so eine individuelle Einspeisung der Versorgungsspannung von 100 bis 150VAC bei einer Frequenz ab 400 Hz bis maximal 3 kHz. Bei höheren Frequenzen ist die Lichtausbeute einiges besser. Die Leistungsaufnahme einer solchen Leuchtfolie liegt bei ca. 3 bis 5W.

Die EL-Folie wird mit doppelseitigem Klebeband auf einen dünnen Sperrholzboden aus Birkenholz aufgeklebt, dadurch ist ein eventueller Ersatz durch eine gleiche A3 Leuchtfolie jederzeit ohne grösseren Aufwand möglich. Von einem Zuschnitt der Leuchtfolie, z. B. kreisrund, wie ich es zuerst geplant hatte, wurde mir abgeraten, weil dann die für die Einspeisung beidseitig rundherum laufenden Leiterbahnen unterbrochen würden, und sich somit die Versorgung der Leuchtfolie mit Wechselspannung nur noch auf zwei kurze Verbindungen konzentrieren würde. Eine unregelmässige Ausleuchtung und partielle Überhitzungen könnten dann nicht ausgeschlossen werden. Das muss aber in jedem Fall vermieden werden.

Das ist der Grund weshalb ich mich entschlossen habe, die A3 Originalform dieser Leuchtfolie beizubehalten und sie ohne zuzuschneiden im einen entsprechend grossen Holzrahmen mit den Massen 480x360x28 mm einzubauen.

Holzrahmen 480x360x28 mm aus Fichtenholz:

Bild 102: EL-Leuchtfolie im Format A3 eingebaut auf einem Sperrholzboden mit Holzrahmen.

Dieser Sperrholzboden ist Teil eines geschlossenen Rahmens, welcher auf der Vorderseite durch eine matte 3mm dicke Plexiglasscheibe als Diffusor abgedeckt werden soll, und so die Handhabung der mit 130VAC betriebenen EL-Leuchtfolie ungefährlich macht. Im unteren Bereich (bei A3 hochkant Anwendung) wird ein kleines Sperrholzbrettchen darüber geschraubt, welches den elektrischen Anschluss via CA-Stecker aufnehmen soll. So kann der *Flat-Field* Generator einfach vor das Teleskop gehalten werden oder bei einer entsprechenden Montagemöglichkeit über ein Stativgewinde für den Betrieb auch bequem auf ein zusätzliches leichtes Kamerastativ montiert werden.

Dies ermöglicht eine Verwendung bei unterschiedlichen Teleskopgrössen, welche im Öffnungsdurchmesser gleich oder kleiner sind als 300 mm.

Schraubt man auf den Bereich der Leuchtfläche einen Sperrholzdeckel aus Birkenholz, welcher ein kreisrundes Loch aufweist, dann kann der *Flat-Field* Generator direkt auf das grosse Teleskop gesteckt werden. Dazu wird als Adapter ein ehemaliger Stickring verwendet. Das Loch im Deckel hat den Durchmesser des inneren Stickrings. Dieser wird auf dem Sperrholzdeckel mit vier kleinen Metallwinkeln befestigt. Der äussere Stickring wird dann über den inneren Stickring geschoben und bildet so das Adapterstück zum Aufstecken auf das Teleskop. Das verhindert, dass sich nachts Insekten auf dem weiss leuchtenden Plexiglas niederlassen können.

Einen Stickring mit 26 cm Innendurchmesser und einem verstellbaren Aussenring von 27 bis 28 cm Innendurchmesser habe ich als Occasion bei Ebay erstanden. Mit diesem Stickring lässt sich mein *Flat-Field* Generator problemlos via Aussenring auf das Celestron SC 235 (9.25") aufstecken.

Das leichte Sperrholz für die Montage der Leuchtfolie und die Abdeckung habe ich aus Gewichtsgründen gewählt, es könnte auch jedes andere stabile und leichte Holz gewählt werden. Balsaholz wäre zwar noch viel leichter, ist aber zu wenig stabil.

Anschluss:

Ein 2.5 m langes 2-adriges Litzen-Kabel verbindet dann den Leuchtrahmen mit dem AC-Inverter von Typ EL-Inverter 38 von der Firma Reichelt Elektronik. Dieser wird in der neuen *WiringBoxII* eingebaut. Via Schraubstecker auf der Rückseite wird der *Flat-Field* Generator bei geschlossener Box eingesteckt.

Dadurch hängt das Gewicht des AC-Inverters nicht vorne am Teleskop, wie ich es bei anderen *Flat-Field* Generatoren gesehen habe. Der Inverter wird seinerseits über einen 5.5 mm Stecker in der Box an den 12V Verteiler angeschlossen und kann über seinen Schalter nach dem Verkabeln eingeschaltet werden.

<u>Vorsicht Stromschlag</u>: Kabel nicht bei eingeschaltetem Inverter ein- oder ausstecken, es sind immerhin 130VAC auf dem Kabel!

Um ganz sicherzugehen, werde ich auf der Leuchtrahmenseite einen voll isolierten Einbaustecker und auf der Seite der *WiringBoxII* eine entsprechende Einbaubuchse der CA-Serie von Hirschmann verwenden. Diese sind für die Netzspannung zugelassen (sogar mit VDE Schutzzeichen) und sind dazu auch noch wasserdicht. Wenn kein Kabel eingesteckt ist, können Stecker und Buchse mit den entsprechenden Schutzkappen mit integrierten Dichtungen wasserdicht verschlossen werden.

19. Februar 2014

Die EL-Folie leuchtet

Heute habe ich zum ersten Mal Spannung vom Inverter auf die EL-Folie geschaltet. Dazu habe ich den Inverter über das selbst angefertigte Kabel mit einem 12V Anschluss in der *PowerBox* verbunden. Den 130V Wechselspannungsausgang des Inverters habe ich provisorisch auf ein Paar der Einspeisestifte gesteckt und dann eingeschaltet. Die EL-Folie leuchtet hell und sehr homogen mit weissem Licht. Der Inverter erzeugt ein leises Zirpen, was mich aber nicht stört.

20. Februar 2014

Das Plexiglas ist da

Das milchige 3 mm Plexiglas (Typ Opal), welches ich mir heute im Baumarkt auf Mass zugeschnitten gekauft habe, habe ich auf den Rahmen mit der Leuchtfolie darin gelegt und diese dann eingeschaltet. Nun ist es wirklich perfekt, die Beleuchtung ist zwar etwas weniger hell aber dafür noch homogener und zeigt sich als eine absolut plane weisse Fläche (*Flat-Field*).

So muss es sein!

21. Februar 2014

Verkabelung in der WiringBoxII

Die 130VAC Verdrahtung vom Inverter zur CA-Buchse auf der Rückseite der *WiringBoxII* habe ich nun installiert. Sie ist mit einem 2-poligen Trennstecker ausgestattet, welcher es erlaubt, den Inverter aus der Box auszubauen (Klettverschluss) ohne die Verdrahtung an der CA-Buchse lösen zu müssen.

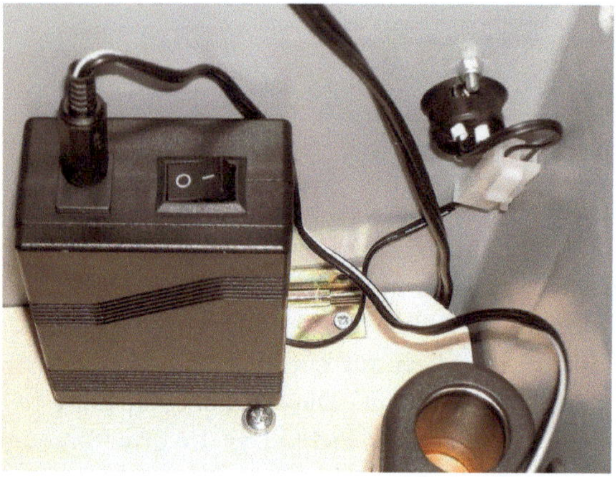

Bild 103: Wechselspannungswandler für den Betrieb des *Flat-Field* Generators montiert in der *WiringBoxII*.

Bild 104: Wasserdichter CA-Anschluss auf der Rückseite.

22. Februar 2014

Überarbeitung des Rahmengehäuses

Ich schraube das Rahmengehäuse nochmals auseinander und ersetze die 6.5 mm dicke Sperrholzrückwand mit 805 g Gewicht durch eine dünnere von nur noch 4.0mm mit lediglich 444 g, um das Gewicht zu reduzieren, denn allein die 3 mm Plexiglasplatte hat ein Gewicht von 617 g. Auf der Vorderseite wird später im unteren Bereich zusätzlich noch eine 60 mm breite Sperrholzplatte von 4 mm Dicke mit 56 g über der Plexiglasplatte aufgeschraubt, welche den CA-Stecker für den Kabelanschluss aufnimmt und vor allem die Schnellkupplung für die Befestigung an einem Fotostativ. Dadurch bleibt eine nutzbare Plexiglasfläche von insgesamt 360x420 mm frei zum Ausleuchten von verschieden grossen Teleskopöffnungen.

1. März 2014

Bearbeitung des Plexiglases

Mit einem speziell geschliffenen 5mm Bohrer werden die vierzehn Montagelöcher ins Plexiglas gebohrt. Mittels einer Holzunterlage wird verhindert, dass die Löcher rückseitig ausreissen. Beim Vermassen der Löcher habe ich darauf geachtet, dass sie nicht an den gleichen Stellen sind wie die Befestigungslöcher für die Sperrholzrückwand, weil sonst die Schrauben in dem nur 18 mm dicken Fichtenholzrahmen zusammenstossen könnten. Die Befestigung der 3 mm dicken Plexiglasplatte erfolgt später mit M4 Schrauben, welche schon eine Unterlegscheibe integriert haben. Zu diesem Zweck muss ich noch M4 Gewindebüchsen an den entsprechenden Stellen in den Holzrahmen schrauben.

22. März 2014

Einsetzen der Gewindebüchsen

Heute habe ich die sechzehn M4 Gewindebüchsen in den Holzrahmen eingesetzt. Dazu habe ich die vierzehn Löcher im Plexiglas mit einem 5 mm Bohrer auf die 18x18 mm Kanthölzer des Rahmens übertragen. Diese Löcher habe ich anschliessend auf 6.5 mm aufgebohrt (1mm grösser als der Kerndurchmesser der metrischen Gewindebüchsen), um die Gewindebüchsen problemlos einschrauben zu können. Dabei hat sich das Fichtenholz der Kanthölzer als grosser Nachteil erwiesen, denn es ist um die Löcher herum teilweise nach oben aufgesprungen. Deshalb mussten diese Stellen dann mit der Feile wieder geglättet werden. Durch den Einsatz der metrischen Gewinde und entsprechenden metrischen Schrauben lässt sich die Plexiglasplatte viel leichter wieder entfernen für den Unterhalt, die Reinigung, usw., als es bei Holzschrauben der Fall wäre, welche nach mehrfachem Lösen und wieder Einschrauben gerne ausreissen.

29. März 2014

Vorbereitung zur Steckermontage

Damit der wasserdichte Spezialstecker der CA-Serie eingebaut werden kann, muss noch ein passend grosses Loch von 22 mm Durchmesser in die untere Ecke des Plexiglases gebohrt werden. Dazu habe ich zwei verschieden grosse Stufenbohrer eingesetzt, einen kleinen von 6 mm bis 20 mm und einen grösseren von 20 mm bis zu den benötigten 22 mm. Im Bereich des Steckers wird auch die Verstärkung mittels einer zusätzlichen Sperrholzplatte von 4mm Dicke angebracht, an welcher später auch die Schnellkupplung für die Befestigung am Stativ angeschraubt wird.

Das 22 mm Loch für die Steckermontage habe ich auch in dieses Brettchen übertragen und anschliessend noch die 3.5 mm Befestigungslöcher für den Steckerflansch gebohrt (M3).

8. April 2014

Mechanische Endmontage

Der mechanische Ausbau ist nun in seiner Grundausstattung beendet. Die Plexiglasplatte habe ich mit rostfreien M4x20 Kreuzschlitzschrauben in den Gewindebüchsen befestigt. Dabei habe ich unter den Schrauben jeweils einen kleinen O-Ring aus Gummi unterlegt, um den Druck auf das empfindliche Plexiglas zu reduzieren. An der zur Verstärkung eingesetzten Sperrholzplatte habe ich die Schnellkupplung zur Befestigung am Stativ von der Rückseite her mit einer M5 Senkschraube montiert, damit das Plexiglas dadurch überhaupt nicht belastet wird. Diese Verstärkung habe ich anschliessend auch mit rostfreien M4x20 Kreuzschlitzschrauben über das Plexiglas montiert.

Bild 105: *Flat-Field* Generator, Holzverstärkung auf Plexiglas montiert.

17. April 2014

Elektrische Endmontage

Zwischen den gelöteten Anschlüssen an der Leuchtfolie und den geschraubten Anschlüssen am Frontstecker habe ich einen gleichen Typ 2-poligen Trennstecker dazwischen geschaltet wie ich schon in der *WiringBoxII* verwendet habe. Damit lässt sich die Sperrholzplatte mit dem Frontstecker problemlos noch im Nachhinein montieren. Nun kann ich die dünne Leuchtfolie mit zwei breiten Streifen doppelseitigem Klebeband auf dem grossen Sperrholzbrett im Rahmeninneren befestigen und das kurze Kabelende mit dem Trennstecker durch die runde Öffnung im Plexiglas schieben, um sie anschliessend mit der Trennkupplung zu verbinden. Jetzt werden noch das Plexiglas und die Sperrholzplatte mit dem Frontstecker festgeschraubt, dann ist mein eigener *Flat-Field* Generator betriebsbereit.

Bild 106: *Flat-Field* Generator, Anschluss der Stromversorgung.

Der neue *Flat-Field* Generator hat den Dauerlauf-Test bestens bestanden. Nach dem Betrieb wird einfach der Kabelstecker abgeschraubt und stattdessen eine wasserdichte Schutzkappe aufgeschraubt, das Gleiche passiert auch auf der Seite der *WiringBoxII*.

19. April 2014

Transportbox

Für den sicheren Transport des *Flat-Field* Generators inklusive Anschlusskabel braucht es natürlich auch noch eine auf Mass angepasste Kiste als Transportbox .

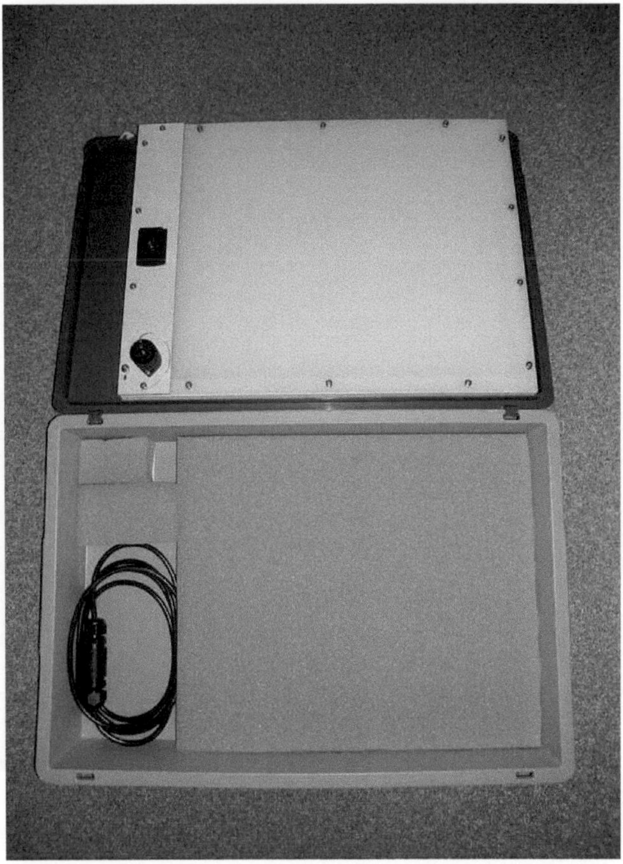

Bild 107: Kunststoff Transportbox für den *Flat-Field* Generator.

Darin lässt sich das empfindliche Gerät mit der grossen Plexiglasscheibe nach unten auf dem dicken Schaumgummi perfekt verstauen. Auch das lange Anschlusskabel mit den wasserdichten Steckern der CA-Serie findet darin noch Platz.

Aufbau mit Stativ:

Und so sieht nun mein selbstgebauter *Flat-Field* Generator aus, wenn er an einem leichten Fotostativ montiert ist.

Bild 108: *Flat-Field* Generator montiert auf Fotostativ.

Der so aufgebaute *Flat-Field* Generator hat ein Gesamtgewicht von 1525 g (ohne das Stativ).

Mit diesem Aufbau lässt sich mein *Flat-Field* Generator für jede Art von Teleskop einsetzen bis zu einem Öffnungsdurchmesser von 300 mm.

30. Juni 2014

Teleskopadapter

Dieses Wochenende habe ich endlich den Teleskopadapter fertiggestellt. Dazu musste erst die grosse Öffnung in die aufsetzbare Adapterplatte gesägt werden und die drei Aussparungen für die drei Winkel in den kleineren der Buchenholzringe des Stickrings gefeilt werden, damit diese sich im Ring auf der Innenseite und auf Oberseite der Adapterplatte verschrauben lassen. Dafür werden Senkschrauben benötigt, denn der grössere Ring muss sich noch über den kleineren Ring stülpen lassen. Die kurzen Schrauben an der Unterseite der Adapterplatte dürfen auch nicht auf dem Plexiglas aufliegen, weshalb auch dort Senkschrauben eingesetzt werden. Die Adapterplatte wird in den Ecken mit vier Rändelschrauben direkt auf der Plexiglasscheibe montiert. Für die anderen Schrauben mit denen die Plexiglasscheibe am Rahmen befestigt ist, sind in der Adapterplatte entsprechende Aussparungen gebohrt.

Nun kann der *Flat-Field* Generator wahlweise mit oder ohne Teleskopadapter eingesetzt werden. In einer Sommernacht ist es allerdings empfehlenswert diesen Adapter zu verwenden, wenn man nicht Teleskop und Leuchtfläche voller Mücken haben möchte.

Drei nachträglich auf der Innenseite des äusseren Rings montierte dünne Filzstreifchen von ca. 10 cm Länge und 1 cm Breite sorgen nach dem Spannen des Rings für einen tadellosen Sitz auf dem Tubus meines Celestron SC 235 Teleskops.

Transportbox

In die Schaumstoffeinlage der Transportbox musste noch eine auf den äussern Ring passende Öffnung geschnitten werden, damit sich der *Flat-Field* Generator auch mit aufgesetzter Montageplatte perfekt verstauen lässt.

Montageplatte

Bild 109: *Flat-Field* Generator mit aufgesetzter Montageplatte und Spannring-Befestigung aus einem ehemaligen Stickring.

Der äussere dieser Holzringe wird dann über den Tubus des Teleskops gestülpt und dort mit der Spannschraube (im oberen Bereich sichtbar) fixiert, indem der Spannring zugezogen wird.

5. Juli 2014

Test des Flat-Field Generators mit Teleskop und Kameras

Der selbstgebaute *Flat-Field* Generator muss heute seinen ersten Einsatz bestehen, indem er zusammen mit meinem Celestron SC 235 Teleskop und der Astrokamera sowie der Leitkamera getestet wird.

Zuerst habe ich den neuen *Flat-Field* Generator mit dem Teleskopadapter auf das Teleskop montiert und mit dem Spannring fixiert. Man sieht deutlich die nachträglich am inneren Ring noch angebrachte weisse Abdichtung aus Silikon, um die Montageplatte ohne Luftspalt mit dem Ring zu verbinden, damit nachts sicher keine Mücken eindringen können.

Bild 110: Celestron SC 235 Teleskop mit aufgesetztem *Flat-Field* Generator.

Dann werden die Kameras (Astro-Farbkamera Atik 383LC+ und Leitkamera Astrolumina ALccd5V) am Teleskop montiert und über die neue *WiringBoxII* mit dem *Netbook* verkabelt.

Jetzt gilt es mit dem *Flat-Field* Generator erstmals ein *Flat*-Foto mit der Astro-Farbkamera zu schiessen. Dazu verwende ich das zusammen mit dieser Kamera gelieferte Programm *Artemis Capture*.

Zuerst mache ich ein Kontrollbild bei ausgeschaltetem *Flat-Field* Generator mit 5 Sekunden Belichtungszeit. OK, alles ist dunkel und nichts ist zu sehen.

Dann mache ich ein Kontrollbild bei eingeschaltetem *Flat-Field* Generator mit 5 Sekunden Belichtungszeit. OK, alles ist weiss.

Um die unterschiedlichen Lichtempfindlichkeiten der einzelnen *Pixel* besser zu erkennen, lasse ich die Bilder mit anders gestaffelten Helligkeitswerten (log 0 anstatt log 10) darstellen und schalte die Farbdarstellung auf Luminanz, also nur schwarz/weiss Darstellung der Helligkeit statt Farbe. Jetzt sieht man schon deutliche Unterschiede der Helligkeit, die sich wie Wolken vor allem am linken Rand des folgenden Bildes zeigen.

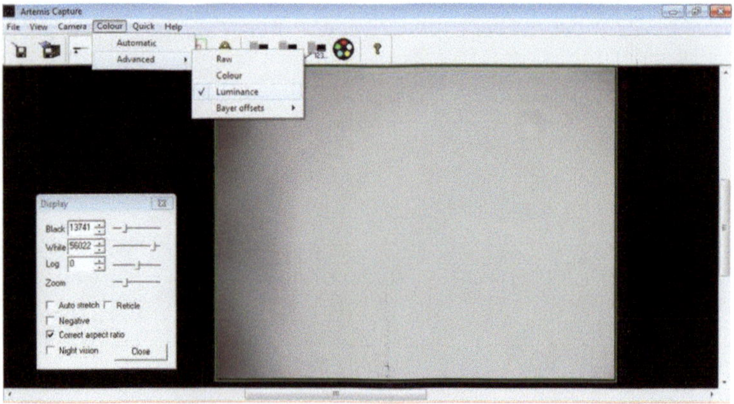

Bild 111: *Flat White* Bild mit der Astrokamera Atik 383LC+.

Ich möchte sicher sein, dass diese Helligkeitsunterschiede nicht von meinem *Flat-Field* Generator erzeugt werden und drehe diesen deshalb um 180° am Teleskoptubus. Ein weiteres Bild mit der gleichen Aufnahmezeit zeigt: Alles ist OK, das Bild bleibt dasselbe. Diese Helligkeitsunterschiede kommen also eindeutig von den *Pixeln* der CCD-Astrokamera.

Um ganz sicher zu sein, drehe ich nun die Kamera um 180°, denn dann müssten diese Helligkeitsunterschiede am rechten Rand erscheinen. Und siehe da, das tun sie auch.

Als Nächstes mache ich noch einige Aufnahmen mit der Leitkamera, welche sich mit dem kleinen Prismaspiegel des *Off Axis Guiders* einen Teil des Bildes herauspickt (damit werden im Ausseneinsatz Leitsterne gesucht). Uups, da scheint aber einiges an Staub auf dem CCD-*Chip* der Kamera zu liegen.

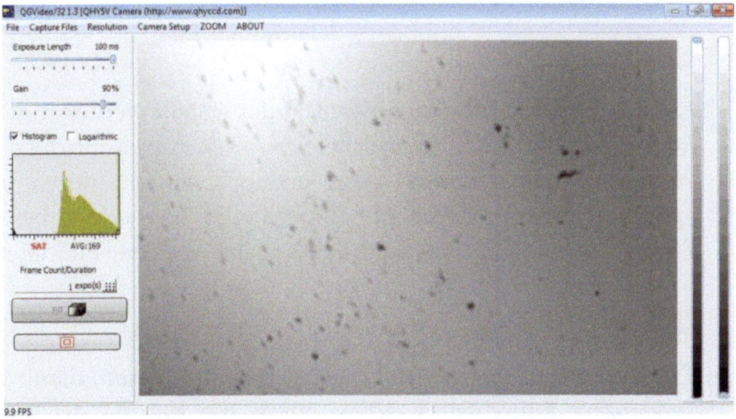

Bild 112: *Flat White* Bild mit der *Guiding*-Kamera Astrolumina ALccd5V.

Nach dem Entfernen des Staubes mit einem Objektivpinsel mache ich weitere Aufnahmen. Fast OK, aber sicher einiges besser. Noch besser wäre wahrscheinlich die Verwendung einer Reinluft Spraydose um Staubpartikel zu entfernen. Es kann auch sein, dass noch ein wenig Staub auf dem Prisma des *Off Axis Guiders* liegt.

Fazit:

Ich würde sagen, dass mein selbstgebauter *Flat-Field* Generator im jedem Fall den Test bestanden hat und nun für den Feldeinsatz bereit ist.

Referenzbilder zur nachträglichen Bildverarbeitung am PC

Es gibt keine absolut fehlerfreie CCD-Astrokameras, da sie in der Regel, im Gegensatz zu normalen Digitalkameras, keine internen Bildkorrekturen machen, sondern nur Rohdaten liefern, die nachträglich am PC bearbeitet werden müssen.

Um alle Kamerafehler bei der nachträglichen Bildbearbeitung kompensieren zu können, sind verschiedene Referenzbilder notwendig.

Bias-Frame

Ein *Bias-Frame* (Abweichungsbild) muss erstellt werden, um die fehlerhaften *Pixel*-Werte, welche durch den Ausleseprozess des Analog/Digital-Wandlers selbst erzeugt werden, durch eine spezielle Software zuerst zu kompensieren. Das erfolgt bei der Bildverarbeitung mittels Subtraktion der *Bias-Frame* Bilddaten.

Dark-Frame

Ein *Dark-Frame* (Schwarzbild) muss erstellt werden, damit das elektrische Rauschen, welches durch die Wärme des CCD-Sensors während der gesamten Aufnahmezeit entsteht, später bei den eigentlichen Astroaufnahmen, welche mit der gleichen Belichtungszeit bei der gleichen Temperatur aufgenommen werden, durch eine spezielle Software ebenfalls kompensiert werden können. Das erfolgt bei der Bildverarbeitung mittels Subtraktion der *Dark-Frame* Bilddaten.

Flat-Frame

Ein *Flat-Frame* (Weissbild) muss mithilfe eines *Flat-Field* Generators oder tagsüber mit einem hellen Bereich am Himmel und einem Filtertuch (Gaze) erstellt werden, damit die unterschiedliche Lichtempfindlichkeit der einzelnen *Pixel* des CCD-Sensors später bei der Bildverarbeitung der eigentlichen Astroaufnahme durch eine spezielle Software auch noch kompensiert werden kann. Mittels Proportionalrechnung unter Verwendung der *Flat-Frame* Bilddaten wird das korrigiert.

24. Juni 2020

Test des Celestron SkyPortal mit dem Laptop

Ich will mit meinem kleinen *Notebook*, das ich sowieso bei den Beobachtungen im Gelände immer dabei habe, das *SkyPortal* WiFi von Celestron testen. Das ist eine drahtlose Verbindung vom *Notebook* zum Teleskop über WLAN. Dazu habe ich das Programm CPWI von **C**elestron / **P**lane**W**ave **I**nc. installiert.

Voraussetzung ist, dass die Montierung korrekt aufgestellt und ausgerichtet ist. Das bedeutet nivelliert mittels Libelle und den Polsucher korrekt auf den Himmelsnordpol ausgerichtet.

Schritt 1:
Ich fahre meinen *Laptop* hoch und starte das Programm CPWI.

Schritt 2:
WiFi *SkyPortal* von Celestron am Anschluss HAND CONTROL einstecken. Der kleine Schiebeschalter muss oben sein. Dann schalte ich meine Montierung Advanced GT von Celestron ein, damit das WLAN aktiv wird. Die zweite rote LED blinkt.

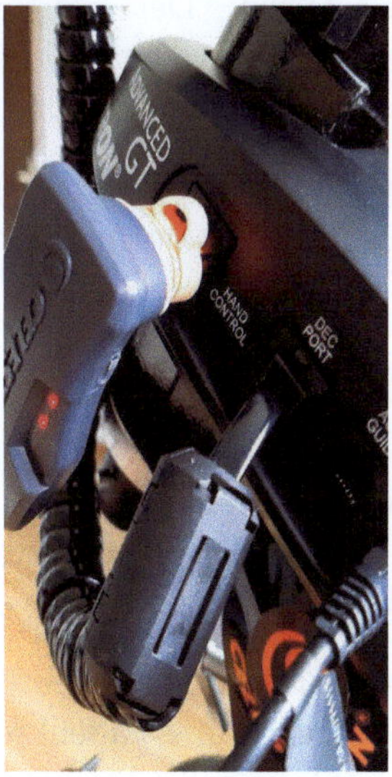

Bild 113: *SkyPortal* WiFi an der Montierung Advanced GT.

Schritt 3:
Deaktivierung meiner aktuellen WLAN-Verbindung zum Heimnetzwerk und Aktivierung der WLAN-Verbindung zum WiFi *SkyPortal* (Celestron-A3B) mit automatischem Verbinden (Häklein setzen).

Ablauf am *Notebook* PC:

- Netzwerkverbindungen wählen.
- Verfügbare Netzwerke anzeigen.
- Heimnetzwerk trennen.
- Celestron-A3B als Netzwerk auswählen.
- Automatisch verbinden (Häklein setzen).

Schritt 4:
Zurück ins Programm CPWI und Teleskop bzw. Montierung über WiFi verbinden (*Connection* anklicken).

Schritt 5:
Ich verwende üblicherweise eine manuelle Kalibrierung mit mindestens 2 bis 3 Fixsternen, es können hier auch mehr sein.

Manual Alignment starten. Der Startpunkt muss für ein *Alignment* auf der nördlichen Hemisphäre bei 'Polaris', genau genommen beim Himmelsnordpol (Erdachsenpunkt) liegen.

Kontrolle der Grundstellungen der Rektaszension RA und der Deklination DA mittels Positionsmarken an der Montierung. Wenn sie korrekt sind, bestätigen mit *Ready*.

Es werden nun einige Fixsterne zur Kalibrierung vorgeschlagen (*Suggestion*).

Einen der vorgeschlagenen Fixsterne (*Suggestion*) auswählen mit Mausklick auf den Stern. Der ausgewählte Stern wird gelb markiert (z. B. 'Dubhe').

Bestätigen mit *Goto Dubhe.* Dann fährt die Montierung den Fixstern 'Dubhe' an. Das grüne Fadenkreuz auf dem Monitor bewegt sich dorthin auf die gelbe Markierung des Sterns.

Stern mit den eingeblendeten Cursortasten am *Netbook* im Okular einmitten und dann mit *Centered* bestätigen.

Bild 114: CPWI *Cursor Control* Feld.

Dieser Abgleich kann bei der Verwendung eines AUX *Splitters* auch bequem am Handheld Terminal der Montierung erfolgen.

Dann den nächsten vorgeschlagenen Fixstern (*Suggestion*) auswählen. Der ausgewählte Stern wird gelb markiert (z. B. 'Mirfak').

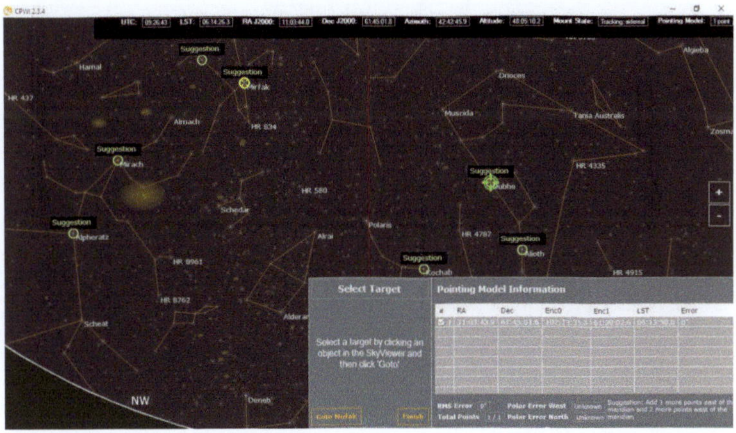

Bild 115: CPWI Auswahl eines Fixsterns zur Kalibrierung.

Bestätigen mit *Goto Mirfak.* Dann fährt die Montierung diesen Stern an. Das grüne Fadenkreuz bewegt sich dorthin auf die gelbe Markierung des Sterns. Bereits kalibrierte Sterne haben nun ein dunkelgelbes Kreuz.

Dasselbe wird bei Bedarf noch mit einem dritten Stern gemacht, dann ist die Montierung kalibriert.

Alignment beenden mit *Exit*.

Schritt 6:
Objekte anfahren. Datenbank wählen z. B. *Local Database*. Für die SIMBAD online Datenbank ist eine *Internet*-Verbindung Voraussetzung, was im Feld selten gegeben ist. Zudem wird die WLAN-Verbindung des *Notebooks* bereits schon für das WiFi *SkyPortal* verwendet. Also *Local Database* verwenden.

Nun können Objekte direkt aus dieser Liste gewählt werden.

Spezielle Objekte können aber auch gesucht werden z. B. M31 (Andromeda Galaxie).

Auswahl des Objektes. Objektkoordinaten werden angezeigt.

Objekt anfahren mit *Goto Target*. Dabei bewegt sich das grüne Fadenkreuz, welches die Position der Montierung zeigt, zum gewählten Objekt hin z. B. zur *Andromeda Galaxy*.

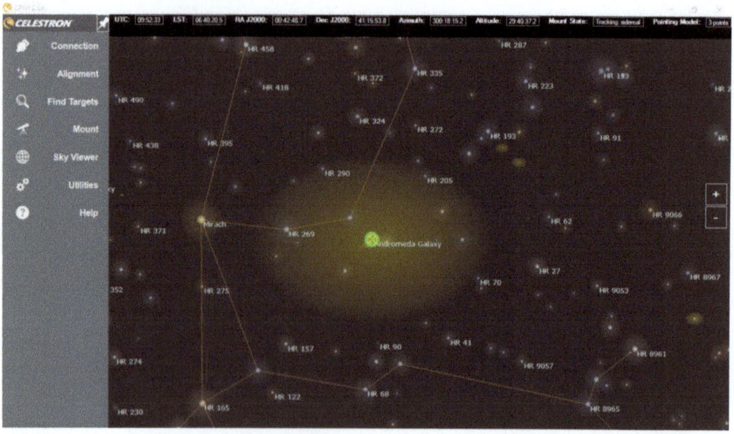

Bild 116: CPWI Teleskop ist jetzt auf ausgewähltes Objekt ausgerichtet (grüner Kreis).

Eigentlich sollte das WiFi *SkyPortal* auch zusammen mit einem Smartphone funktionieren, nur leider hat die kostenlose App *SkyPortal* von Celestron auf dem *Handy* einen Fehler. Der Polarabgleich funktioniert nicht und zeigt jeweils nach dem Einschalten der Montierung an einen völlig falschen Ort. Die kostenlose App ist unbrauchbar! Kann sein, dass es mit der kostenpflichtigen App *SkySafari 6 Pro* funktionieren würde.

Kapitel 16: Sonnenbeobachtung

19. August 2012

Ausbildung an den Sonnenteleskopen

Bei prächtigstem Sonnenschein und glasklarer Luft sind an diesem Sonntagvormittag viele Mitglieder der AVA Gossau der Einladung zur Ausbildung am neuen Sonnenteleskop Lunt LA80Ha PT gefolgt und lassen sich heute an diesem neuen Gerät zur Sonnenbeobachtung instruieren.

Ich bin schon etwas früher da, um mich vorzubereiten, denn ich möchte eine möglichst umfassende Bilddokumentation des Anlasses erstellen. Ich öffne um 09:00h die Sternwarte und beginne bereits ab 09:30h zusammen mit dem Präsidenten die Teleskope draussen bereitzustellen. Wir stellen zusätzlich noch den AP-Refraktor und das grosse C14 Spiegelteleskop auf, denn auch mit diesen Geräten sind mit entsprechendem Zubehör Sonnenbeobachtungen mehr oder weniger gefahrlos möglich, wobei Spiegelteleskope dazu weniger geeignet sind.

Achtung: Sonnenbeobachtungen mit 'normalen' Teleskopen oder Feldstechern erfordern zwingend eine spezielle Filterfolie davor! Sie reduziert das Sonnenlicht auf 0,001 % (1/100.000).

Nie direkt in die Sonne blicken!

Man könnte sich dabei bleibende Schäden an den Augen zuziehen oder dabei sogar erblinden.

Spezielles Sonnenteleskop Lunt LA80Ha PT:

Bild 117: Das neue H-alpha Sonnenteleskop Lunt LA80Ha PT.

Wichtig:
Dieses Sonnenteleskop von Lunt dient ausschliesslich der Sonnenbeobachtung und darf nicht anderweitig verwendet werden. Es dürfen auch keine Komponenten entfernt oder durch andere ausgetauscht werden!

Mit diesem Teleskop lässt sich dank der zwei integrierten Spezialfilter die Oberfläche der Sonne im H-alpha Licht (Wellenlänge von Wasserstoff) betrachten und erscheint dann als rötliche Kugel mit sehr fein strukturierter Oberfläche, auf welcher sich nicht nur Sonnenflecke, sondern die ganze Aktivität des Wasserstoffs betrachten lässt als Protuberanzen, Filamente, Spikulen, Plage, Sonneneruptionen sowie die Chromosphäre.

Zum Ausrichten hat das Sonnenteleskop als Zielvorrichtung einen speziellen *Sol-Searcher*, der das Licht der Sonne durch ein kleines Loch auf eine kleine Mattscheibe abbildet, worauf die Ausrichtung auf die Sonnenkugel von jeder Seite betrachtet werden kann, ohne einen Blick in die Sonne zu riskieren.

Bild 118: Ausrichtung des Sonnenteleskops mit *Sol-Searcher*.

Die Besonderheit bei diesem Teleskop bilden die beiden durch Luftdruck-*Tuning* justierbaren schmalbandigen H-alpha Filter, mit welchen ein extrem schmales Wellenlängenspektrum aus dem gesamten Farbspektrum des Sonnenlichts herausgefiltert wird. Diese müssen möglichst genau auf eine Wellenlänge von 656.28 nm (Nanometer = Milliardstel Meter) eingestellt werden, wobei die resultierende Durchlassbreite weniger als 0.05 nm beträgt.

Es erfordert einiges an Übung und Geduld, sich langsam durch wechselseitiges Korrigieren an den beiden Druckschrauben an den optimalen Kontrast der Sonne heranzutasten. Aber schon am Ausbildungstag können wir Protuberanzen am Rand und feine Filamente auf der Sonnenfläche im roten Licht des Wasserstoffs betrachten.

19. Oktober 2014

<u>Sonn-Tag</u>

Heute habe ich mir den Sonntag zu einem Sonn-Tag gemacht und auf der AVA Sternwarte in Gossau das Lunt LA80Ha PT Sonnenteleskop selbst aufgebaut. Zusammen mit meinem Vater haben wir die 'Rote Sonne' betrachtet. Rot deshalb, weil sie nach zwei hochpräzisen Schmalbandfiltern im H-Alpha Licht des Wasserstoffs völlig im dunkelroten Licht erscheint. Dafür zeigt die Sonne so betrachtet viel mehr von ihrer Aktivität, als bei einer üblichen Sonnenbetrachtung mit Folienfilter, denn dort sieht man nur eine weisse, flach scheinende Scheibe mit einigen schwarzen Sonnenflecken, sofern welche da sind. Im H-Alpha Licht hingegen siehe man auch feinste Strukturen an der Oberfläche der brodelnden Sonne, die dann ein bisschen ähnlich aussieht wie eine Orangenhaut.

20. März 2015

<u>Partielle Sonnenfinsternis</u>

Heute kann ich in meinem Skiurlaub im Tirol die partielle Sonnenfinsternis betrachten. Bei schönstem Wetter bin ich im Tannheimer Tal (Tirol) zusammen mit einer Kollegin mit den Langlaufskiern zum Vilsalpsee hinauf, wo wir im Restaurant direkt am See die Gelegenheit haben die Sonnenfinsternis zu sehen, da wir gerade rechtzeitig zum Zeitpunkt der lokal grössten Bedeckung dort ankommen. Der Wirt stellt seinen Gästen einen Schweiss-Schild zur Verfügung, um für kurze Zeit gefahrlos das tolle Schauspiel von Mond und Sonne zu betrachten.

Auch bei einer Sonnenfinsternis gilt:

Nie direkt in die Sonne blicken!

Man könnte sich dabei bleibende Schäden an den Augen zuziehen oder dabei sogar erblinden.

Kapitel 17: Sonnen und Sterne

Was ist die Sonne und was sind Sterne?

Als wir noch Kinder waren, hat man uns gesagt: „Am Tag scheint die Sonne und nachts leuchten die Sterne.“

Damals hat noch niemand davon gesprochen, dass unsere Sonne auch 'nur' ein Stern ist. Wenn in der Astronomie von Sonnen oder Sternen gesprochen wird, meint man damit das gleiche, wobei es schon einige Unterschiede gibt zwischen unserer Sonne und anderen Sonnen oder Sternen.

Wie funktionieren Sterne?

Heute wissen wir, dass Sterne, also auch unsere Sonne, super heisse Gaskugeln unterschiedlichster Grösse und Masse sind, in welchen ein Fusionsprozess von Wasserstoff zu Helium für die enorme Hitze, das Licht und die Strahlung verantwortlich ist.

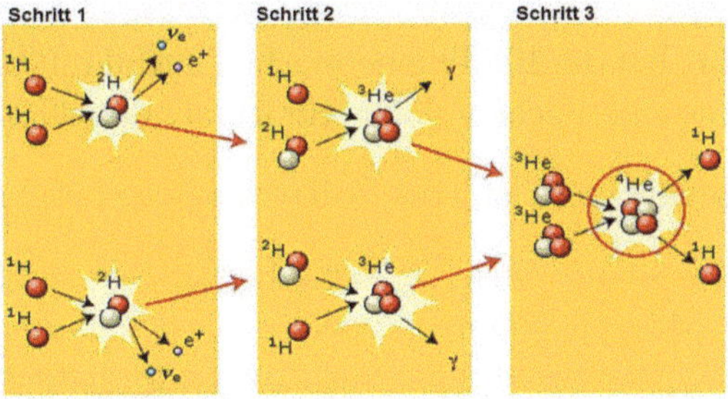

Bild 119: Ablauf des Fusionsprozesses in Sternen.

Sonnengrössen

Im Vergleich zu den Planeten in unserem Sonnensystem ist unsere Sonne riesig. Im Vergleich mit anderen Sonnen oder Sternen ist sie vergleichbar klein, denn es gibt unter den Sternen auch wahre Riesen.

Sternenmassen (Masse im Vergleich zu unserer Sonne):

Die Sonnenmasse ist eine astronomische Masseinheit, welche die Masse unserer Sonne in kg definiert.

Sie beträgt ca. 2 Quintillionen kg, eine Zahl mit 30 Nullen!!

1 Sonnenmasse = 2'000'000'000'000'000'000'000'000'000'000 kg

Sie wird in der Astrophysik auch mit **M⊙** bezeichnet.

Massevergleich unserer Sonne mit den Planeten und anderen Sternen in der Masseinheit M⊙ :

Unsere Sonne	Stern	1.00	M⊙	Sonnenmasse
Erde	Planet	0.000003	M⊙	(winzig)
Jupiter	Planet	0.0009544	M⊙	(Gasplanet)
Beteigeuze	Riesenstern	20.0	M⊙	(riesig)
VY Canis Majoris	Hyperriese	30-40	M⊙	(gigantisch)
Naos	blauer Überriese	59	M⊙	(superheiss)
R136a1 **	junger Riesenstern	265	M⊙	(ultraheiss)

** R136a1 hat die 10 Millionen-fache Leuchtkraft unserer Sonne und seine Oberflächentemperatur ist mehr als 40'000 °K heiss!

Je heisser ein Stern ist, umso kürzer ist seine Lebensdauer.

Die Lebensdauer unserer Sonne beträgt seit ihrer Entstehung etwa 10 Milliarden Jahre, von denen sie bereits die Hälfte hinter sich hat. Es bleiben ihr also noch etwa 5 Milliarden Jahre bis zu ihrem Sternentod.

Sonnengrösse im Vergleich mit Jupiter sowie grossen Sternen:

Bild 120: Grössenvergleich von Sonnen bzw. Sternen.

Geburt und Tod von Sternen

Die Sterne entstehen durch die Kontraktion riesiger Gas- und Staubwolken. Die Gravitation ist dafür verantwortlich, dass sich dieses Gemisch aus Gas und Staub immer mehr verdichtet und durch den dadurch entstehenden gewaltigen Massendruck im Zentrum immer heisser wird. Irgendwann wird dabei das Wasserstoffgas dermassen heiss, dass die sogenannte 'Geburt' eines neuen Sterns erfolgt und dessen Kernfusion beginnt, bei welcher Wasserstoff in Helium umgewandelt wird. Dabei werden ungeheure Energien frei in Form von Hitze, Licht und Strahlung.

In diesem Sinne kann man von Geburt, Leben und Tod eines Sternes reden. Das Leben eines Sternes dauert im Allgemeinen viele Millionen bis Milliarden Jahre. Nur sehr heisse und super massereiche Sterne leben weniger als 1 Million Jahre.

Der Tod eines Sterns beginnt dann, wenn sein Wasserstoff aufgebraucht ist und er beginnt schwerere Elemente bis hin zum Eisen zu fusionieren. Dabei bläht er sich auf und wird zu einem 'Roten Riesen'. Sein Ende ist dann besiegelt, wenn er seine Hülle abstösst, in sich zusammenfällt und zu einem 'Weissen Zwerg' schrumpft.

Sterne, die um ein Vielfaches grösser sind als unsere Sonne, haben einen noch spektakuläreren Abgang. Anstatt nach dem Aufblähen wieder zu schrumpfen, gibt es eine gigantische Explosion, eine sogenannte Supernova. Bei einer Supernova werden die äusseren Schichten des Sterns extrem weit ins All geschleudert. Der Kern wird dann entweder zu einem kleinen Neutronenstern von 20 bis 25 km Durchmesser mit etwa der dreifachen Dichte eines Atomkerns oder zu einem massiven schwarzen Loch, das eine dermassen gigantische Dichte und Gravitation aufweist, das nicht einmal das Licht entkommen kann. Daher kommt der Begriff 'Schwarzes Loch'. Wobei es sich dabei nicht um ein Loch im weitesten Sinn handelt, sondern um ein Objekt, dessen unvorstellbare Masse auf ein dermassen kleines Volumen konzentriert ist, dass es zu einer extremen Krümmung der Raumzeit führt.

Supernova

Eine Supernovaexplosion ist ein kurzes aber extrem helles Aufleuchten eines sterbenden Sterns, das millionen- oder milliardenfach heller sein kann als zuvor und die Leuchtkraft einer ganzen Galaxie erreichen kann.

Wenn bei einer Supernova die äusseren Schichten des sterbenden Sterns ins All geschleudert werden, dann entstehen dabei die schweren Elemente, welche notwendig sind, um zu einem späteren Zeitpunkt unter anderem die Bausteine des Lebens zu bilden, wie zum Beispiel Aminosäuren.

Atomkerne, schwerer als Eisen, entstehen erst im letzten Lebenszyklus massereicher Sterne, den sogenannten 'Roten Riesen', und in deren gewaltigen Sternexplosionen, den Supernovae. Der berühmte Satz: „Wir sind aus Sternenstaub gemacht", ist daher nicht etwa metaphorisch, sondern im eigentlichen Wortsinn zu verstehen, denn jedes Atom schwerer als Beryllium in unserem Körper, oder wo auch immer im Universum, verdankt seine Existenz der Elementsynthese bzw. Nukleosynthese im Innern der sterbenden Sterne.

So beantwortet sich ein Stück weit meine Frage:

Where do we come from?

Woher kommen wir?

Jetzt bleibt nur noch die Frage: „Wie sind diese Elemente oder die daraus entstandenen Aminosäuren auf den Planeten Erde gekommen und woher stammt das Wasser hier?"

Fachleute streiten sich, ob diese Stoffe von Kometen und Asteroiden, Meteoriten oder anderen Himmelskörpern hierher gebracht wurden, oder ob sie in anderer Form auf dem Planeten Erde schon vorher vorhanden waren.

Wenn sich unser Stern, die Sonne, am Ende ihres Lebenszyklus zu einem 'Roten Riesen' aufbläht und dabei nach und nach den Planeten Merkur und dann die Venus verbrennt und sich diese dann einverleibt, dann ereilt früher oder später auch unsere Erde dasselbe Schicksal.

Wenn dann die definitiv sterbende Sonne am Schluss ihre Hülle ins Universum abstösst, dann bedeutet das, dass alles, was jemals auf der Erde existiert hat, wieder zu Sternenstaub wird.

Somit beantwortet sich zum Schluss auch meine Frage:

Where do we go to?

Wohin gehen wir?

Unser, im zeitlichen Verhältnis zur Lebensdauer des Planeten Erde, kurzes Auftreten hier, hat irgendwann mit Sternenstaub begonnen und wird irgendwann am Schluss wieder als Sternenstaub enden.

Unsere Atome und Moleküle werden dabei in Sternen wieder in andere Atome und Moleküle umgewandelt, ohne dass dabei die darin enthaltene Energie verloren geht, denn im Universum geht nicht der geringste Teil der Energie verloren. Sie wird nur für die Umwandlungsprozesse und den Aufbau und die Erhaltung von Materie genutzt.

Das kann man, wenn man in sehr grossen Dimensionen und Zeiträumen denkt, durchaus als Unsterblichkeit von allem bezeichnen.

Ob Theologen an dieser These Freude haben oder nicht sei dahingestellt, aber auch sie werden früher oder später zu Sternenstaub....

Auf die Frage, ob ich durch die Astronomie den Glauben verloren hätte, antworte ich: „Glauben bedeutet 'nicht Wissen'. Ich habe aber durch die Wissenschaft der Astronomie und Astrophysik viel Ehrfurcht vor der Energie bekommen, die man durchaus als göttlich bezeichnen könnte."

Kapitel 18: Asteroiden und Kleinplaneten

Suche nach Kleinplaneten

Auf der Sternwarte 'Mirasteilas' in Falera GR wird mit dem grossen 90 cm Spiegelteleskop 'CEDES' auch nach Asteroiden und Kleinplaneten gesucht.

Was sind Kleinplaneten?

Kleinplaneten (engl. *minor planets*) oder Planetoiden sind astronomische Objekte, die sich auf einer direkten Umlaufbahn zwischen Mars und Jupiter um die Sonne bewegen und die Grösse zur Einstufung als Planet nicht erfüllen. Kleinplaneten, deren Masse bzw. Gravitation ausgereicht hat, um Kugelgestalt erlangt zu haben, werden auch als Zwergplaneten bezeichnet. Kleinplaneten können Asteroiden wie Zentauren und Trojaner sein oder auch sogenannte transneptunische Objekte wie die Kuipergürtelobjekte (von ausserhalb der Neptunumlaufbahn).

Bis 2019 wurden die Umlaufbahnen von 794'832 Kleinplaneten bestimmt. Der zuerst entdeckte Kleinplanet wurde im Jahr 1801 Ceres genannt.

Asteroiden und Kleinplaneten können auf ihrem Weg um die Sonne die Erdbahn kreuzen. Dabei können sie der Erde nicht nur bedrohlich nahe kommen, sondern sogar einschlagen.

Die Sternwarte in Falera ist von ***Minor Planet Center*** (MPC) anerkannt und trägt deren Nummer B67.

Die Suche in Falera nach Kleinplaneten war bereits mehrfach von Erfolgen gekrönt. So wurden in den letzten Jahren durch José de Queiroz mehrere Neuentdeckungen gemacht, die er nach den Bestätigungen der Umlaufbahnen durch unabhängige Stellen und das MPC selbst benennen durfte.

19. Oktober 2009	'Marcia'	269484
16. November 2009	'Chur'	269550
26. Mai 2010	'Falera'	233943

Inzwischen wurden auf dieser Sternwarte über vierzig weitere Kleinplaneten entdeckt und deren Umlaufbahnen mittels dem PC-Programm *Astrometrica* berechnet, von denen einige Erstentdeckungen noch auf ihre Bestätigungen warten.

Direkt nach deren Entdeckung erhalten sie zuerst einen sogenannten 'provisorischen Namen' aus mehreren Zahlen und Buchstaben, der im Wesentlichen das Entdeckungsdatum nach einem von der **I**nternationalen **A**stronomischen **U**nion (IAU) festgelegten Schema enthält. Nachdem die genaue Umlaufbahn dieses neuentdeckten Asteroiden bestimmt und durch mehrere unabhängige Beobachter bestätigt wurde, hat der Entdecker das Vorschlagsrecht für einen Namen dieses Objekts, der dann von der IAU unter der Berücksichtigung verschiedener Kriterien offiziell vergeben wird.

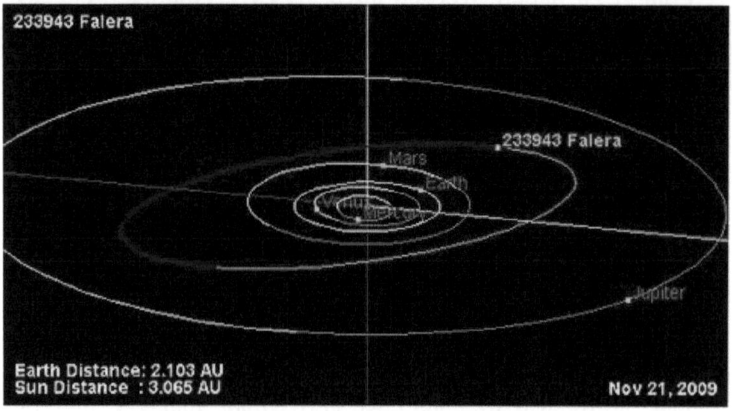

Bild 121: Umlaufbahn des Asteroiden 233943 'Falera'.

1. August 2014

Astrometrica

Nach der Führung auf der Sternwarte 'Mirasteilas', welche bis ca. 00:00h gedauert hat, geht es ans 'Eingemachte', denn ich möchte das PC-Programm *Astrometrica,* welches man zum Vermessen von Kleinplaneten benötigt, auf meinem *Netbook* betriebsbereit machen. José de Queiroz, der Chef der Sternwarte, der schon einige Kleinplaneten entdeckt hat, hilft mir dabei. Wir stellen fest, dass auf meinem *Netbook* die grossen Kataloge UCAC3 und UCAC4 noch fehlen und müssen diese riesigen Datenmengen zuerst noch dahin übertragen.

Die ganzen Einstellungen sind sehr umfangreich und es dauert bis nach 02:00h, bis wir endlich einige bestehende Objekte auf meinem *Netbook* nochmals analysieren und nachvermessen können. Dazu verwenden wir bereits erfasste Bildserien, mit denen ich dann auch zuhause weiter üben kann.

Dann gelingt es uns in all diesen Bilddaten mit meinem *Netbook* diesen bereits bekannten Kleinplaneten 'Erigone' zu analysieren und seine Umlaufbahn nochmals berechnen zu lassen.

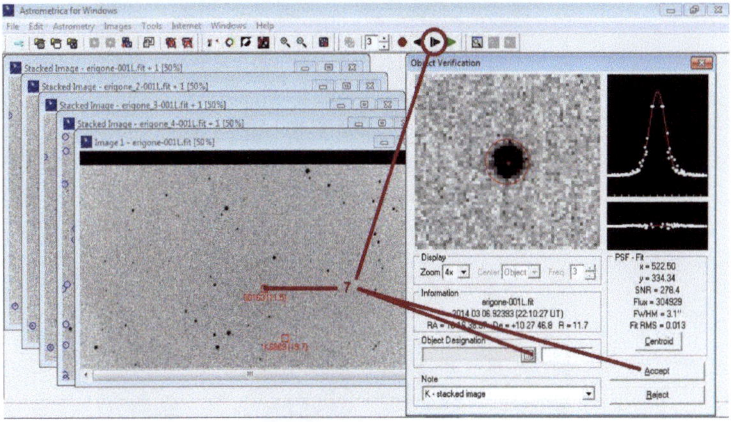

Bild 122: Ausschnitt des PC-Bildschirms aus dem Astrometrie-Programm *Astrometrica.*

2. August 2014

Inbetriebnahme von Astrometrica auf meinem grossen PC

Nun möchte ich logischerweise die Arbeiten mit dem *Astrometrica* Programm auch zuhause auf meinem grossen *Tower*-PC durchführen, denn ich hoffe, dass die Verarbeitung so grosser Datenmengen da wesentlich schneller läuft als auf dem kleinen *Netbook*.

Nur leider funktioniert das neue Programm anfangs nicht wunschgemäss. Es taucht immer eine Fehlermeldung auf, wenn ich Bilder zum Bearbeiten importieren will. Der Zugriff auf bestimmte Referenzdaten funktioniert leider nicht. Nach Rückfragen bei meinen Astronomiekollegen und einiger Kreativität bei den Einstellungen, gelingt es mir am Ende doch noch alles zum Laufen zu bringen, und wie da die Post abgeht. Die Verarbeitung ist ca. 10x schneller als auf meinem *Netbook*.

Bild 123: Mein grosser *Tower*-PC (Stand 2014)

9. August 2014

Voraussetzungen einer Sternwarte für die Astrometrie

Die Einrichtung einer Sternwarte muss für Astrometriearbeiten entsprechend ausgerüstet sein. Deshalb habe ich die aktuelle Ausrüstung unserer AVA Sternwarte in Gossau datenmässig diesbezüglich überprüft und durchgerechnet.

Notwendige Ausrüstung:

Um Astrometrie zu betreiben, das beutetet Vermessung von astronomischen Objekten im Hinblick auf Position, Bewegung, Helligkeit, usw., ist eine umfangreiche Ausrüstung erforderlich.

Dazu gehören:

- Sternwarte an einem geeigneten dunklen Standort mit permanentem Stromanschluss (kein Batteriebetrieb).
- Teleskop mit grosser Öffnung für genügende Lichtempfindlichkeit.
- Respektable Brennweite für genügende Vergrösserung.
- Stabile Montierung mit sehr präziser Nachführung.
- Hochempfindliche gekühlte CCD-Kamera mit genügender Anzahl *Pixel* und geeigneter *Pixel*-Grösse.
- Leistungsfähiger PC mit genügend Speicher zur Bearbeitung der Bilder und Berechnung der Umlaufbahnen der extrahierten Objekte.
- Spezielle Auswertungs-Software zur Bearbeitung der Bilder (*Alignment, Stacking*).
- Software zur Erkennung von Referenzsternen und Analyse der aktuellen Objekte (*Astrometrica*).
- Zugriff zu den Datenbanken mit Referenzsternen und Referenzobjekten.
- *Internet* Anschluss.

Ausrüstung der AVA Sternwarte Gossau:

- Sternwarte mit nivellierter Beobachtungsplattform und permanentem Stromanschluss.
- Celestron SC14 XLT Teleskop mit 3910 mm Brennweite und 356 mm Öffnung (f/11) und einer Auflösung von 0.33 Bogensekunden, neu SC14 HD Edge (Stand 2020).
- Stabile Astro-Physics Montierung auf Stahlsäule.
- CCD Kamera SBIG11000M mit >10M *Pixel* und einer *Pixel*-Grösse von 9.0 µm x 9.0 µm (gleich wie in Falera).
- Mehrere leistungsfähige PC-Arbeitsplätze in der Sternwarte mit *Internet* Anschluss.
- Astrometrie-Software *Astrometrica* zur Verfügung gestellt vom Autor (für die ersten Versuche).

Winkelmessung mittels CCD *Pixel*:

Das Geheimnis der modernen Astrometrie liegt darin, dass man unter Verwendung spezieller Software (z. B. *Astrometrica*) aus den CCD-Bildern über den Abstand der Objekte in Anzahl *Pixel* auf dem CCD-Sensor den Winkelabstand der Objekte an diesem Standort (gemäss GPS-Koordinaten) berechnen kann und dadurch unter Zuhilfenahme von Datum und genauer Uhrzeit deren Position und Bewegung berechnen kann. Dabei muss man den resultierenden Winkel von *Pixel* zu *Pixel* unter Berücksichtigung der Brennweite des Teleskops genau kennen.

Berechnungen:

Dabei berechnet sich der Abbildungsmassstab (2x ε basierend auf *Pixel*-Grösse bzw. *Pixel*-Abstand X) in Bogensekunden pro *Pixel* folgendermassen:

Winkel in Bogensekunden pro *Pixel* =
(206265 / Aufnahmebrennweite f) x *Pixel*-Grösse X in mm

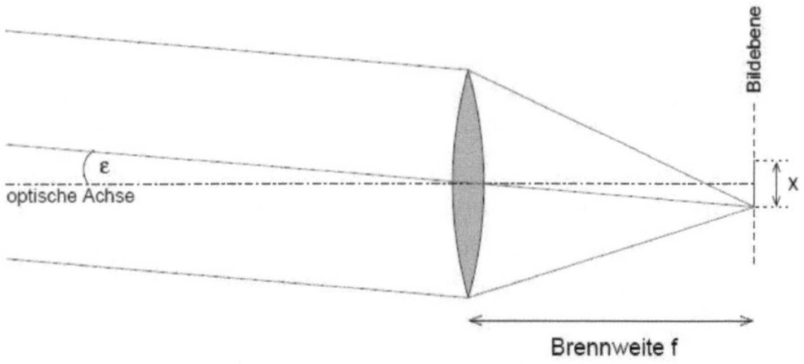

Bild 124: Berechnung von Winkeln mittels CCD-Sensor.

Als Beispiel für das Teleskop SC14 der AVA Sternwarte mit der CCD Kamera SBIG11000M ergibt das folgendes Resultat: (206265 / Aufnahmebrennweite f) x *Pixel*-Grösse X in mm = (206265 / 3910) = 52.7531966 x 0.009 = **0.47**" (Bogensekunden)

Und bei der Verwendung eines *Focal Reducer/Flatner* von 0.67 und der Berücksichtigung von Adaptierungen von 60mm sind es dann z. B.: (206265 / (3910 x 0.67 + 60)) = 77 x 0.009 = **0.7**"

Dies bedeutet, dass die optische Auflösung des SC14 Teleskops mit 0.33" besser ist, als der Abbildungsmassstab der CCD-Kamera mit 0.47" bzw. 0.7" und das System somit passt. Ein feinerer Abbildungsmassstab der CCD-Kamera als das, was die Optik des Teleskops hergibt, macht in diesem Fall keinen Sinn.

Es bringt also nichts, eine CCD-Kamera mit noch kleineren *Pixel*-Abmessungen einzusetzen, um den Abbildungsmassstab zu verkleinern, zumal kleinere *Pixel* dann auch weniger lichtempfindlich sind und längere Belichtungszeiten erfordern würden, was aber andererseits wieder zu ungenaueren Bildern führen würde beim Fotografieren bewegter Objekte z. B. Kleinplaneten, Kometen usw. .

Doch genau diese Objekte möchten ja mit diesem System möglichst präzise vermessen werden.

Ziel:

Mein Ziel ist es, in Zukunft in Falera auf der Sternwarte 'Mirasteilas' mit dem grossen Spiegelteleskop 'CEDES' an der Beobachtung und Vermessung von solchen Kleinplaneten mitarbeiten zu können. Dasselbe möchte ich auch auf der Sternwarte in Gossau oder anderen Sternwarten machen können. Weltweit arbeiten viele kleine private oder auf Vereinsbasis arbeitende Sternwarten an solchen Projekten mit, um dabei möglichst viele dieser in unserem Sonnensystem herumgeisternden Kleinplaneten und Asteroiden zu entdecken und ihre Umlaufbahnen um die Sonne zu vermessen, um dann deren Daten an das MPC zur Registrierung zu melden.

Das ***Minor Planet Center***, kurz MPC genannt, ist die offizielle Organisation für die Sammlung und Auswertung sowie die Veröffentlichung von Daten über Kleinplaneten und Kometen. Es bestätigt auch allfällige Neuentdeckungen von solchen Objekten nach der Verifizierung von deren Daten und erteilt die Freigabe zur Namensgebung. Das MPC warnt auch vor Kleinplaneten, die der Erde zu nahe kommen könnten.

Hauptstandort: Cambridge, Massachusetts, Vereinigte Staaten
Gründung: 1947

Dachorganisation: Internationale Astronomische Union (IAU).

Bild 125: Emblem des *Minor Planet Center*.

Kapitel 19: Sternbilder

Sternbilder und Jahreszeiten:

Je nach Jahreszeiten (Frühling, Sommer, Herbst, Winter) sind andere Sternbilder oder Tierkreiszeichen am Nachthimmel zu sehen. Das liegt dran, dass sich die Erde innerhalb eines Jahres einmal um sie Sonne dreht und wegen ihrer um 23.4° schief liegenden Erdachse uns dabei jeweils einen ganz anderen Blickwinkel auf die 88 offiziellen Sternbilder der IAU eröffnet.

Deshalb sehen wir auch die massgebenden Tierkreiszeichen verteilt auf die Monate an verschiedenen Positionen. Nur die zirkumpolaren Sternbilder bleiben immer sichtbar.

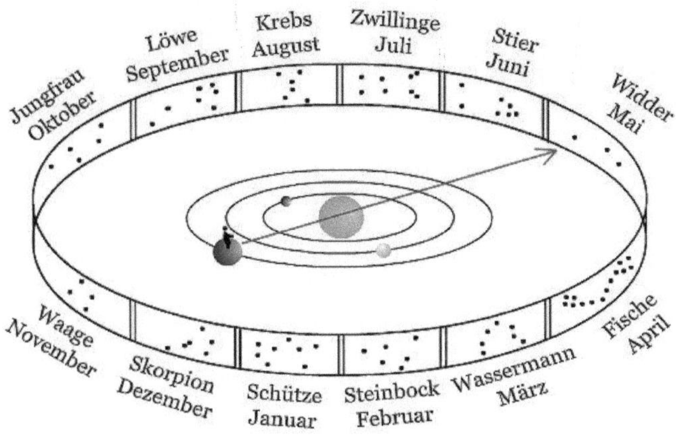

Bild 126: Darstellung der Sichtweise auf die Tierkreiszeichen.

Frühling

Mit dem Frühlingsdreieck (rot markiert) im Süden bestehend aus 'Arktur' im Sternbild Bootes oder Bärenhüter, 'Regulus' im Sternbild Löwe und 'Spica' im Sternbild Jungfrau.

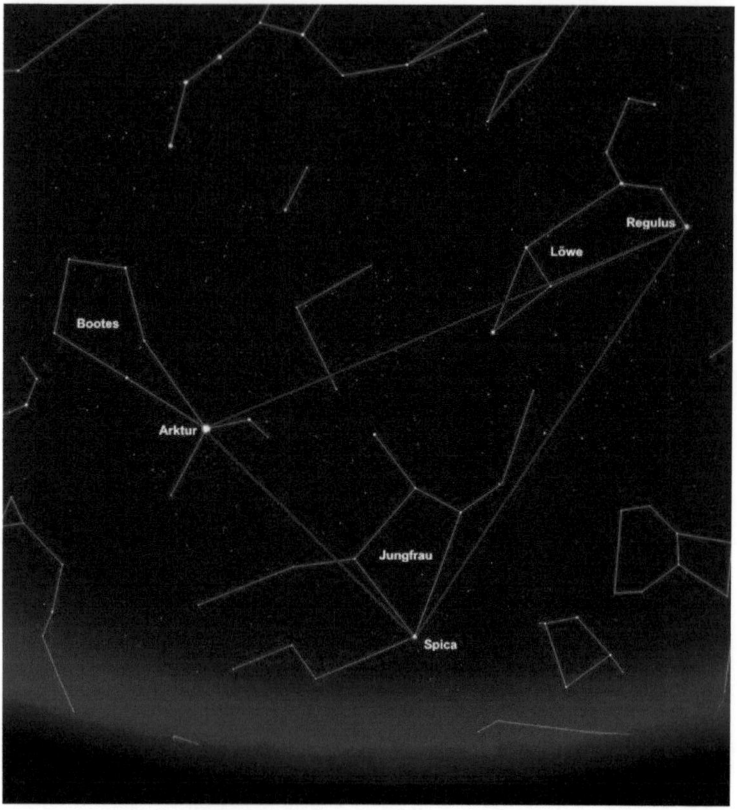

Bild 127: Das Frühlingsdreieck.

Hauptsterne des Frühlingsdreiecks:

'Arktur'	Entfernung 37 Lichtjahre	(mag 0.15)
'Regulus'	Entfernung 79 Lichtjahre	(mag 1.35)
'Spica'	Entfernung 262 Lichtjahre	(mag 0.95)

Blick nach Norden im Frühling:

Oben von links nach rechts = Luchs, Grosser Bär mit dem Teil der als Grosser Wagen bezeichnet wird.

Mitte von links nach rechts = Fuhrmann mit Capella, Giraffe, Kleiner Bär mit Polarstern an der Spitze der Deichsel des Kleinen Wagens, Drache und Herkules.

Unten von links nach rechts = Perseus, Cassiopeia das Himmels-W, Cepheus, Leier mit 'Vega' und Schwan mit 'Deneb'.

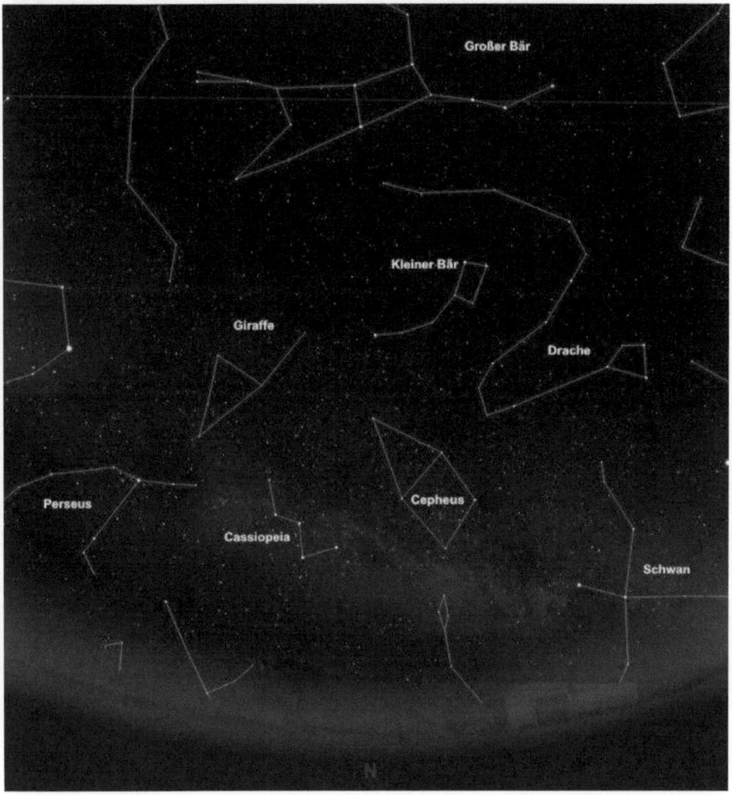

Bild 128: Sternzeichen im Frühling mit Blick nach Norden.

Sterne haben nicht nur Namen, wie z. B. 'Vega', sie sind auch in Katalogen mit HIP, SAO, HD, HR oder WDS Nr. bezeichnet.

Blick nach Osten im Frühling:

Oben von links nach rechts = Kleiner Bär, Grosser Bär mit dem Grossen Wagen, Jagdhunde, Haar der Bernike.

Mitte von links nach rechts = Drache, Bärenhüter mit 'Arktur', Jungfrau.

Unten von links nach rechts = Leier mit 'Vega', Herkules, Nördliche Krone und Schlange.

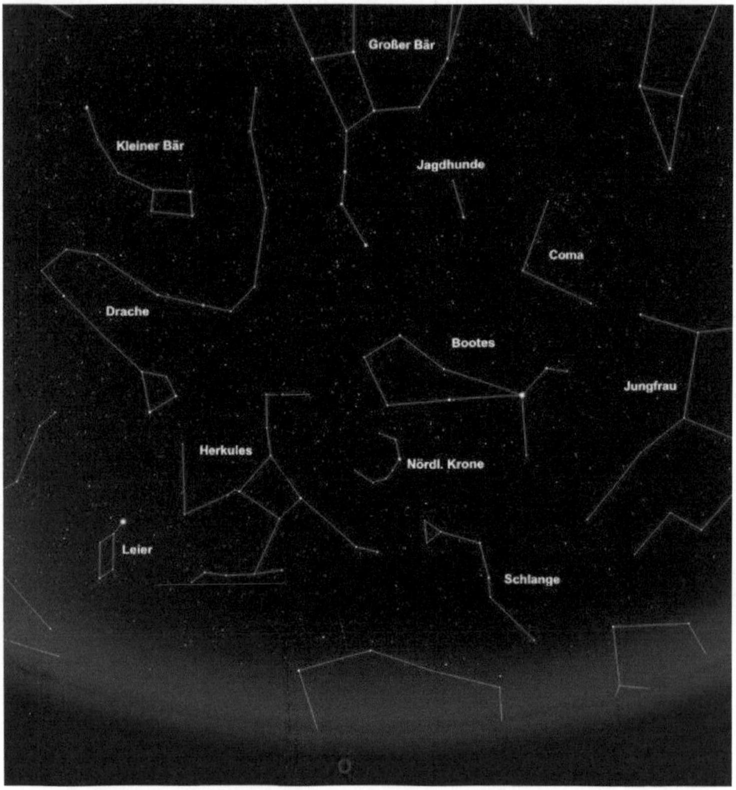

Bild 129: Sternzeichen im Frühling mit Blick nach Osten.

Hauptstern in der Leier:

'Vega' Entfernung 25 Lichtjahre (mag 0.00)
Pulsierender veränderlicher Doppelstern

Blick nach Süden im Frühling:

Oben von links nach rechts = Grosser Bär mit dem Grossen Wagen.

Mitte von links nach rechts = Bärenhüter mit 'Arktur', Haar der Bernike, Löwe, und Krebs.

Unten von links nach rechts = Jungfrau, Rabe, Becher und Wasserschlange.

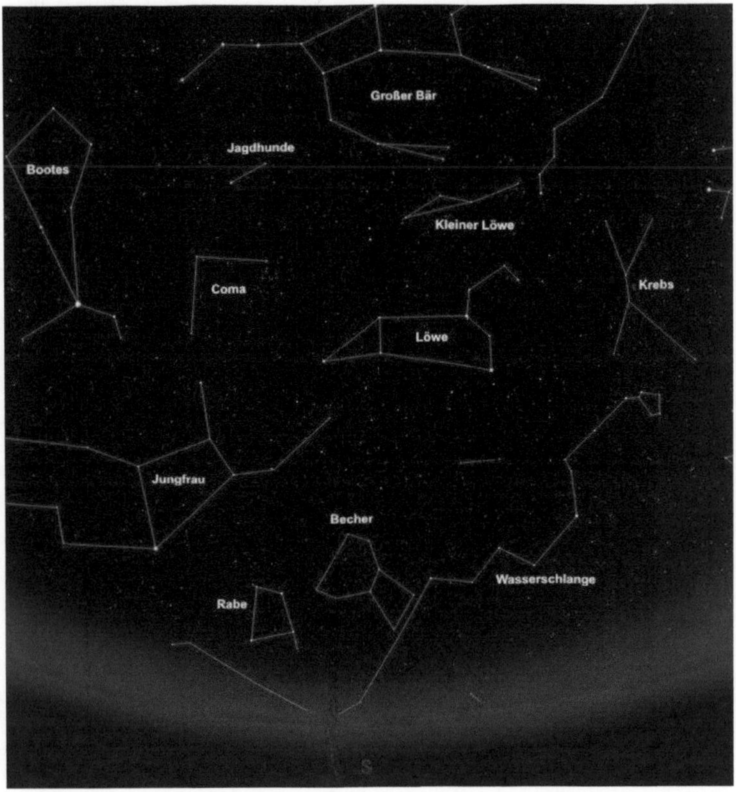

Bild 130: Sternzeichen im Frühling mit Blick nach Süden.

Hauptstern im Löwen:

'Regulus' Entfernung 75 Lichtjahre (mag 1.35)

Blick nach Westen im Frühling:

Oben von links nach rechts = Löwe, Kleiner Löwe, Grosser Bär mit dem Grossen Wagen.

Mitte von links nach rechts = Wasserschlange, Krebs, Luchs und Giraffe.

Unten von links nach rechts = Einhorn, Zwillinge, Fuhrmann, Perseus und ganz unten Orion.

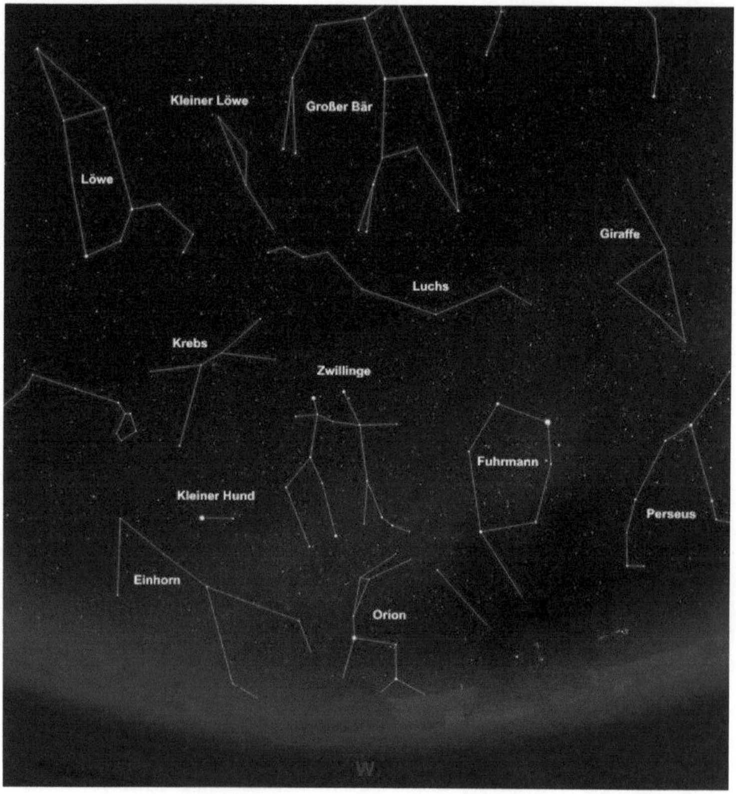

Bild 131: Sternzeichen im Frühling mit Blick nach Westen.

Hauptsterne in den Zwillingen:

'Castor'	Entfernung	51 Lichtjahre	(mag 1.90)
'Pollux'	Entfernung	34 Lichtjahre	(mag 1.15)

Sommer

Mit dem prachtvollen Schwan (Cygnus) im Südosten mit den Endpunkten 'Deneb' und 'Albireo' am Körper sowie 'K Cyg' und 'µ1 Cyg' an den Flügelenden.

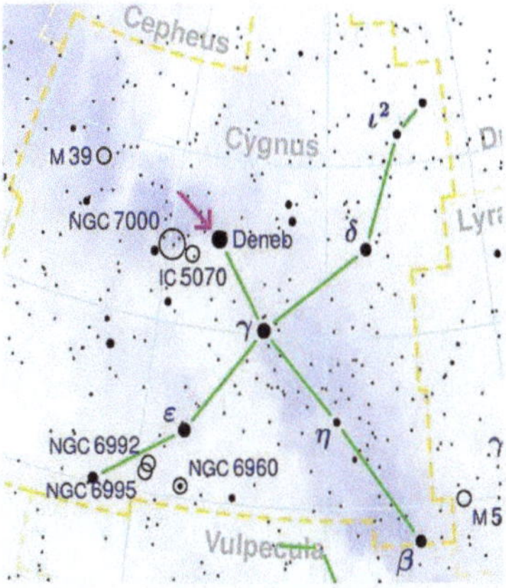

Bild 132: Sternzeichen Schwan (Cygnus).

Beta Cygni, der Kopf des Schwans, besteht aus einem 'Roten Riesen' und zwei blauen Sternen. Wobei immer noch nicht geklärt ist, ob Stern B wirklich zum System dazugehört.

Bild 133: Doppelstern 'Albireo' Entfernung 434 Lichtjahre

Blick nach Norden im Sommer:

Oben von links nach rechts = Jagdhunde und Drache.

Mitte von links nach rechts = Grosser Bär mit dem Grossen Wagen, Kleiner Bär mit Polarstern an der Spitze der Deichsel des Kleinen Wagens und Cepheus.

Unten von links nach rechts = Luchs, Giraffe, Cassiopeia (Himmels-W) und ganz unten Perseus und Andromeda.

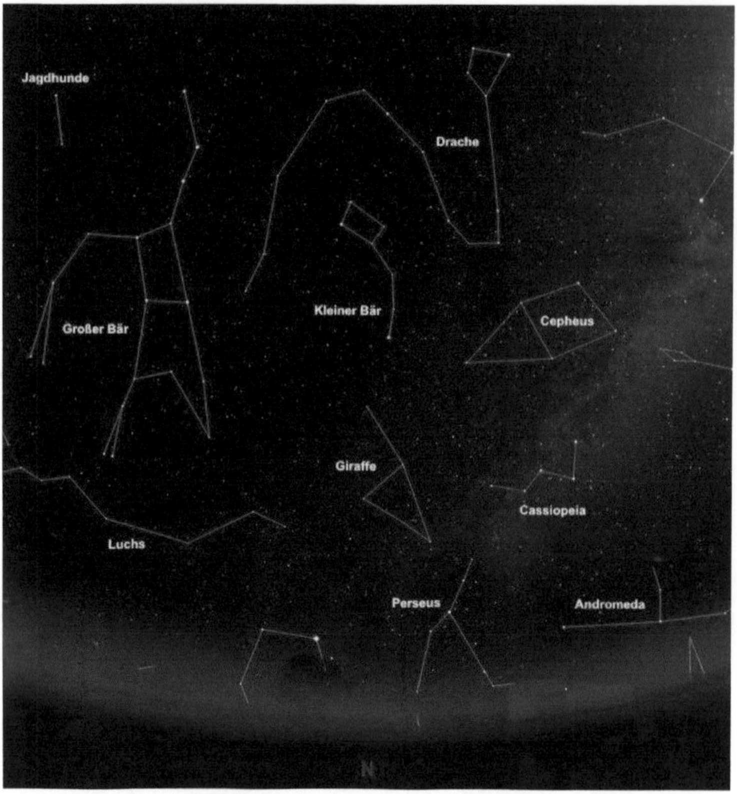

Bild 134: Sternzeichen im Sommer mit Blick nach Norden.

Beim Sternbild Andromeda liegt auch unsere Nachbargalaxie Andromeda, die ähnlich gross ist wie unsere Milchstrasse, der sie sich immer mehr nähert (Blauverschiebung).

Andromeda Entfernung 2.538 Mio. Lichtjahre (aktuell)

Blick nach Osten im Sommer:

Oben von links nach rechts = Kleiner Bär mit Polarstern, Drache, Herkules.

Mitte von links nach rechts = Cepheus, Schwan und Leier mit 'Vega'.

Unten von links nach rechts = Pegasus, Füllen und Adler.

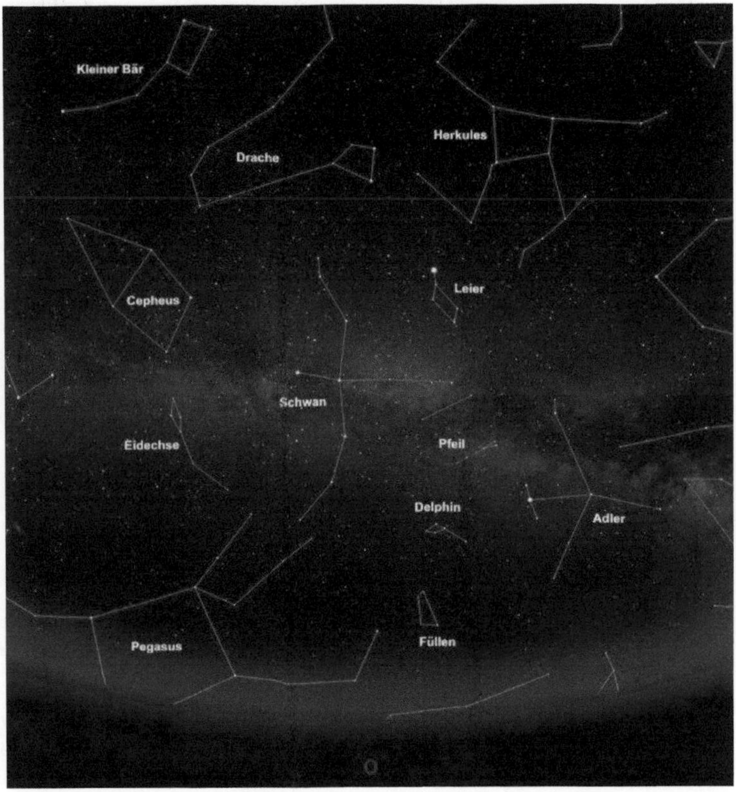

Bild 135: Sternzeichen im Sommer mit Blick nach Osten.

Am Rande des Sternbildes Herkules liegt einer der grössten und schönsten Kugelsternhaufen M13 (NGC6205), auch Herkuleshaufen genannt, bestehend aus einer Ansammlung von 300'000 Sternen in einer Entfernung von 25'000 Lichtjahren.

Blick nach Süden im Sommer:

Oben von links nach rechts = Leier mit 'Vega', Herkules und Bärenhüter (Bootes).

Mitte von links nach rechts = Adler, Schlangenträger, Schlange und Jungfrau.

Unten von links nach rechts = Schild, Skorpion und Waage.

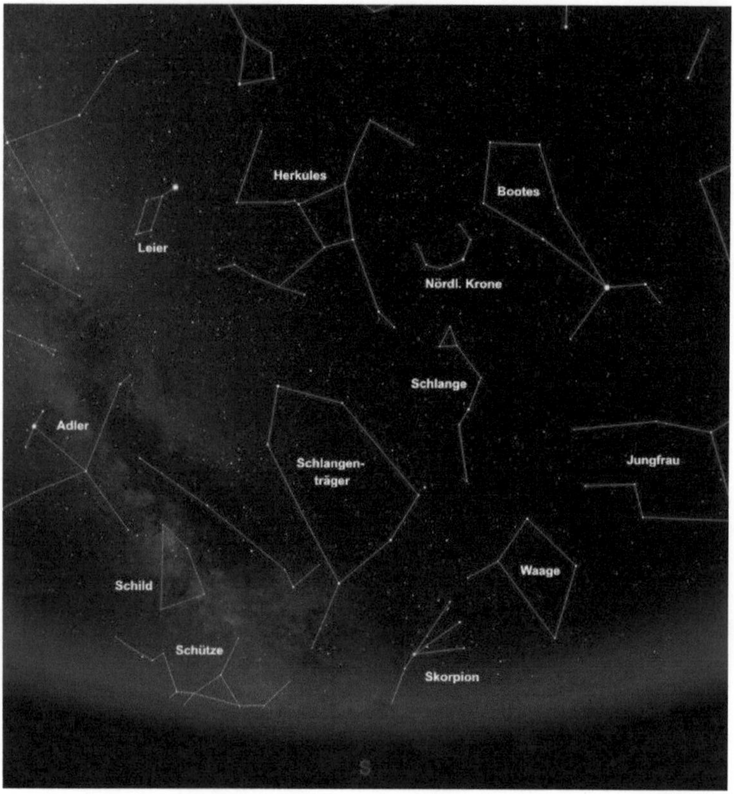

Bild 136: Sternzeichen im Sommer mit Blick nach Süden.

Hauptstern im Bärenhüter (Bootes):

'Arktur'	Entfernung	37 Lichtjahre	(mag 0.15)

Blick nach Westen im Sommer:

Oben von links nach rechts = Nördliche Krone, Drache und Keiner Bär mit Polarstern.

Mitte von links nach rechts = Bärenhüter (Bootes), Jagdhunde und Grosser Bär mit dem Grossen Wagen.

Unten von links nach rechts = Jungfrau, Löwe, Kleiner Löwe und Luchs.

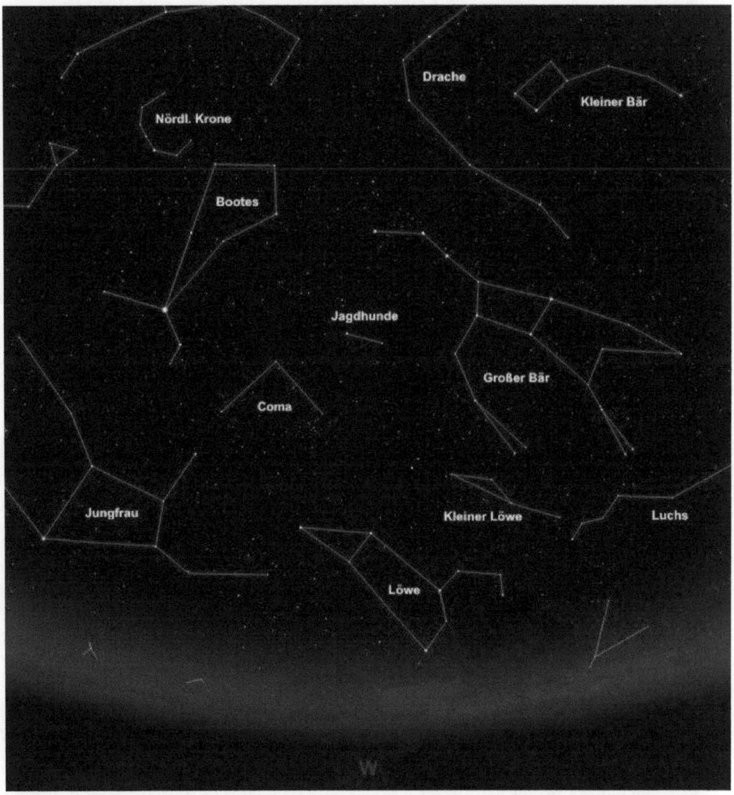

Bild 137: Sternzeichen im Sommer mit Blick nach Westen.

Hauptstern in der Jungfrau (Virgo):

'Spica' Entfernung 262 Lichtjahre (mag 0.95)

Herbst

Mit dem Herbstviereck im Pegasus (rot markiert).

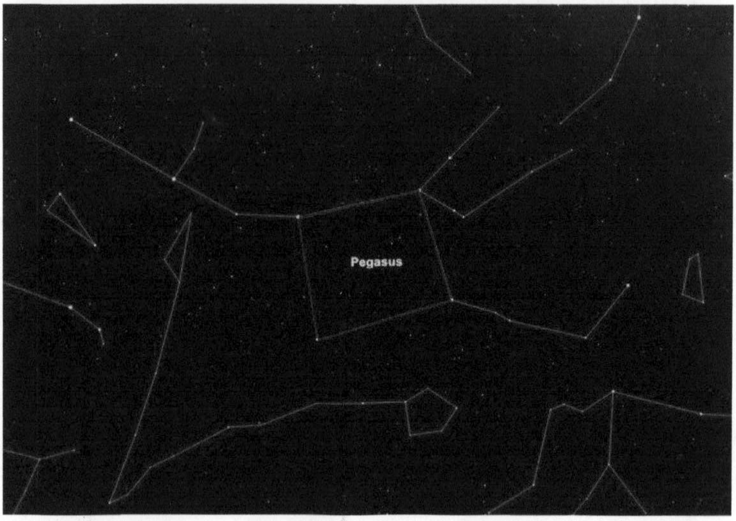

Bild 138: Das Herbstviereck.

Bestehend aus: 'Scheat', 'Markab', 'Algenib' und 'Alpheratz'.

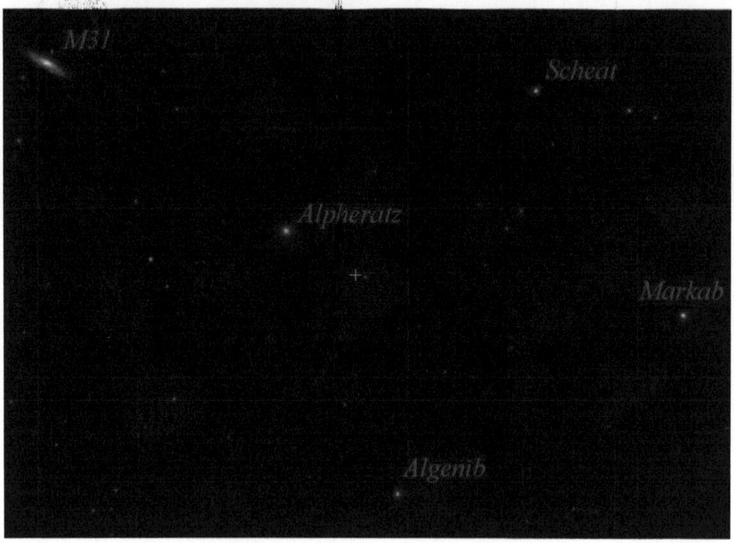

Bild 139: Die vier Hauptsterne des Herbstvierecks (ohne M31).

Blick nach Norden im Herbst:

Oben von links nach rechts = Leier mit 'Vega' Cepheus und Cassiopeia (Himmels-W).

Mitte von links nach rechts = Drache, Kleiner Bär mit Polarstern an der Spitze der Deichsel des Kleinen Wagens und Giraffe.

Unten von links nach rechts = Grosser Bär mit dem Grossen Wagen und Luchs.

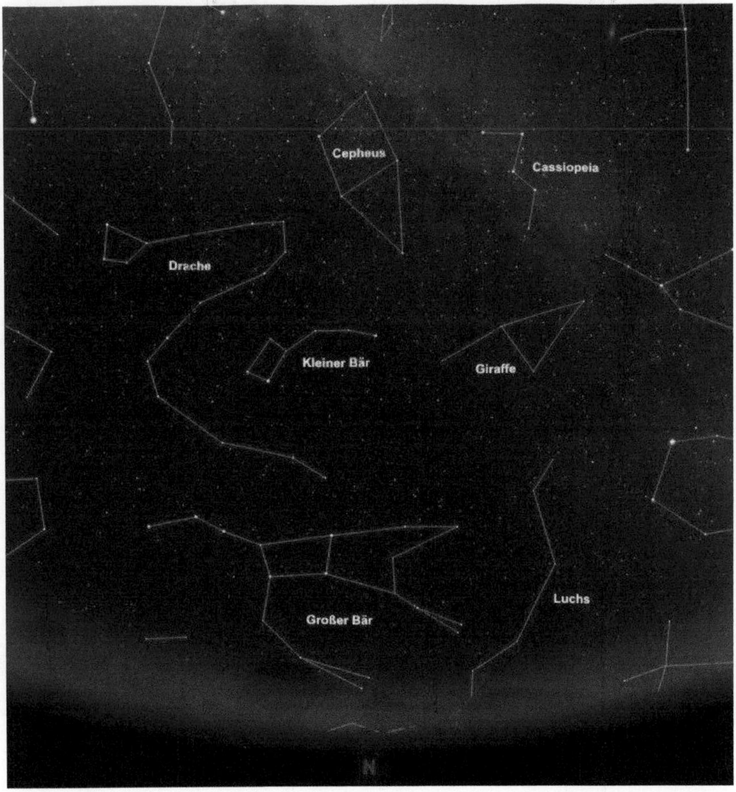

Bild 140: Sternzeichen im Herbst mit Blick nach Norden.

Grosser Bär mit dem Doppel-Doppelstern 'Alcor' und 'Mizar', die auch als 'Augenprüfer' bekannt sind, wobei nur 'Mizar' ein echter gravitationsgekoppelter Doppelstern ist, der nur im Teleskop sichtbar wird.

Blick nach Osten im Herbst:

Oben von links nach rechts = Cepheus und Eidechse.

Mitte von links nach rechts = Giraffe, Andromeda und Pegasus mit dem Herbstviereck.

Unten von links nach rechts = Perseus, Widder, Fische und ganz unten Fuhrmann, Stier und Walfisch.

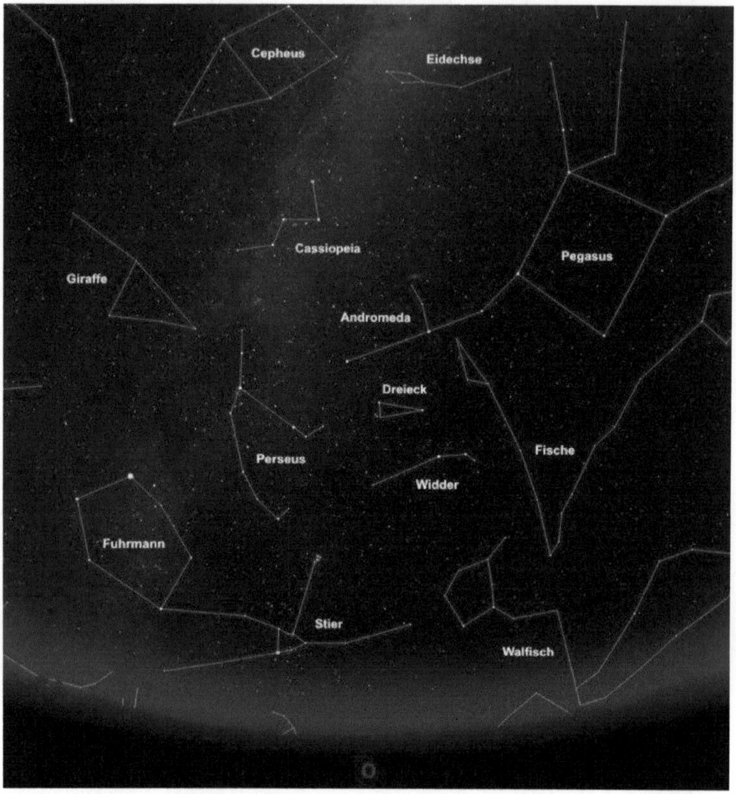

Bild 141: Sternzeichen im Herbst mit Blick nach Osten.

Hauptstern im Stier (Taurus):

'Aldebaran'	Entfernung 67 Lichtjahre (mag 0.85) Doppelsternsystem mit einem 'Roten Riesen' als Hauptstern. Er ist 45x grösser, als unsere Sonne aber hat nur 1.16 M⊙ Masse.

Blick nach Süden im Herbst:

Oben von links nach rechts = Eidechse, Schwan und Leier.

Mitte von links nach rechts = Fische, Pegasus mit dem Herbstviereck und Delphin.

Unten von links nach rechts = Walfisch, Wassermann, Steinbock und Adler.

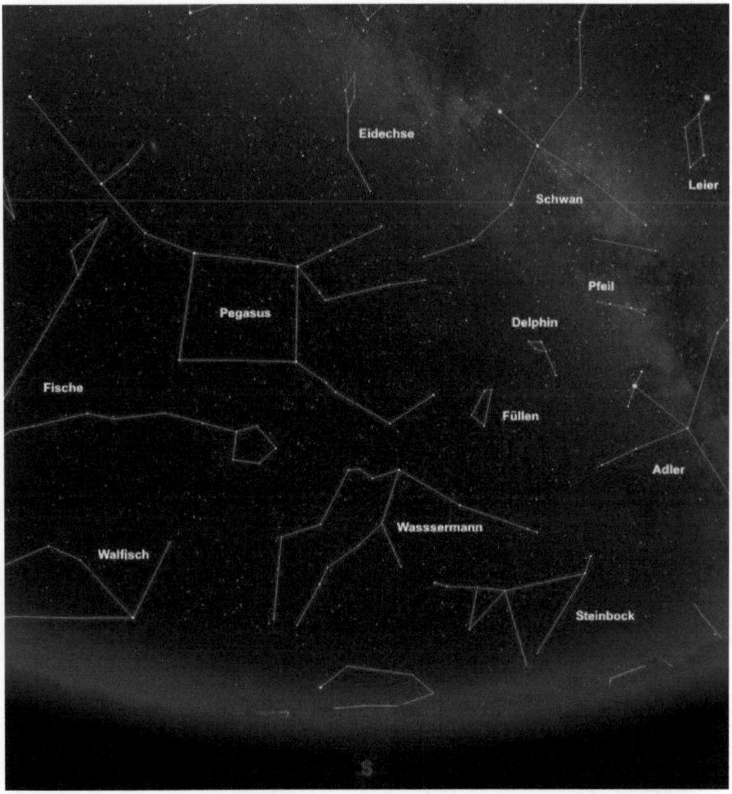

Bild 142: Sternzeichen im Herbst mit Blick nach Süden.

Hauptsterne im Pegasus (Herbstviereck):

'Scheat'	Entfernung	196 Lichtjahre	(mag 2.40)
'Markab'	Entfernung	133 Lichtjahre	(mag 2.45)
'Algenib'	Entfernung	391 Lichtjahre	(mag 2.80)
'Alpheratz'	Entfernung	97 Lichtjahre	(mag 2.05)

Blick nach Westen im Herbst:

Oben von links nach rechts = Füllen, Schwan, Drache und Kleiner Bär.

Mitte von links nach rechts = Adler, Leier mit 'Vega' und Herkules.

Unten von links nach rechts = Schild, Nördliche Krone und Bärenhüter (Bootes).

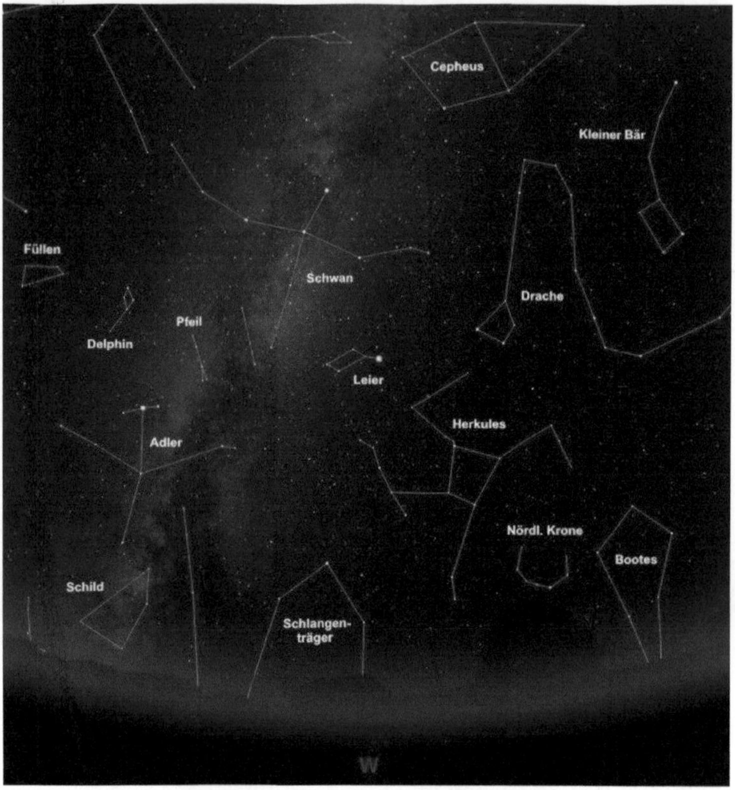

Bild 143: Sternzeichen im Herbst mit Blick nach Westen.

Hauptstern im Adler (Aquila):

'Altair' Entfernung 17 Lichtjahre (mag 0.75)

Winter

Mit dem grossen Wintersechseck (rot markiert) aus 'Capella', 'Aldebaran', 'Riegel', 'Sirius', 'Prokyon' und 'Pollux' (im Uhrzeigersinn betrachtet).

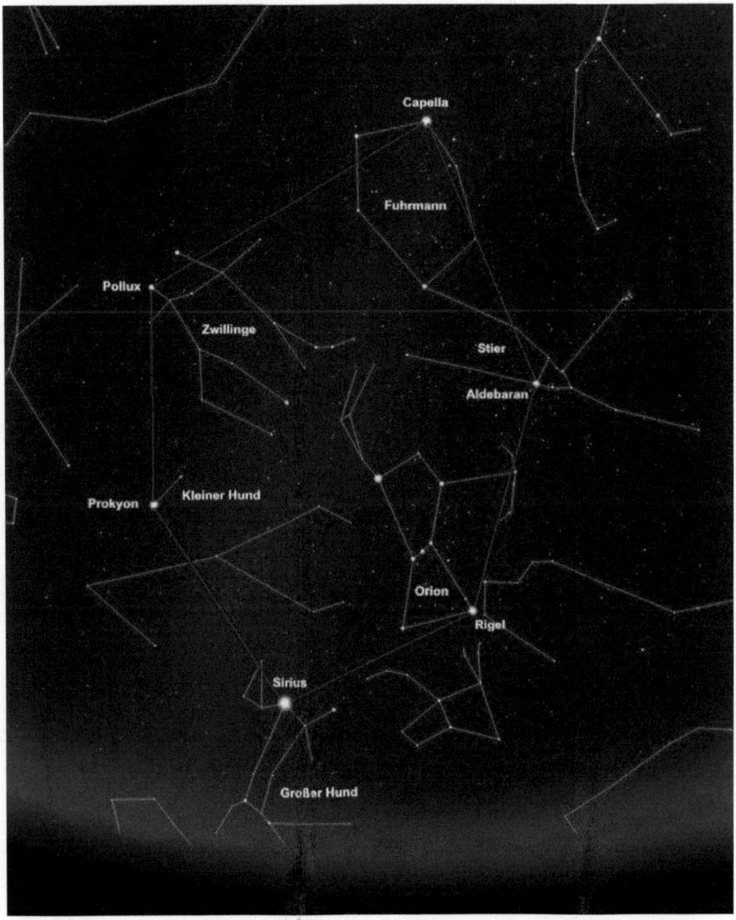

Bild 144: Wintersechseck

Im Wintersechseck ist das gut zu Findende, markante Sternbild des Orion mit den 'Gürtelsternen' 'Mintaka', 'Alnilam' und 'Alnitak' mit dem Pferdekopfnebel daneben. Im Trapez zwischen den 'Gürtelsternen' und den Sternen 'Riegel' und 'Saiph' unten am Kleid des Orion ist auch der helle Orionnebel.

Blick nach Norden im Winter:

Oben von links nach rechts = Cassiopeia (Himmels-W) und Giraffe.

Mitte von links nach rechts = Eidechse, Cepheus, Kleiner Bär mit Polarstern an der Spitze der Deichsel des Kleinen Wagens, und Grosser Bär mit dem Grossen Wagen.

Unten von links nach rechts = Schwan und Drache.

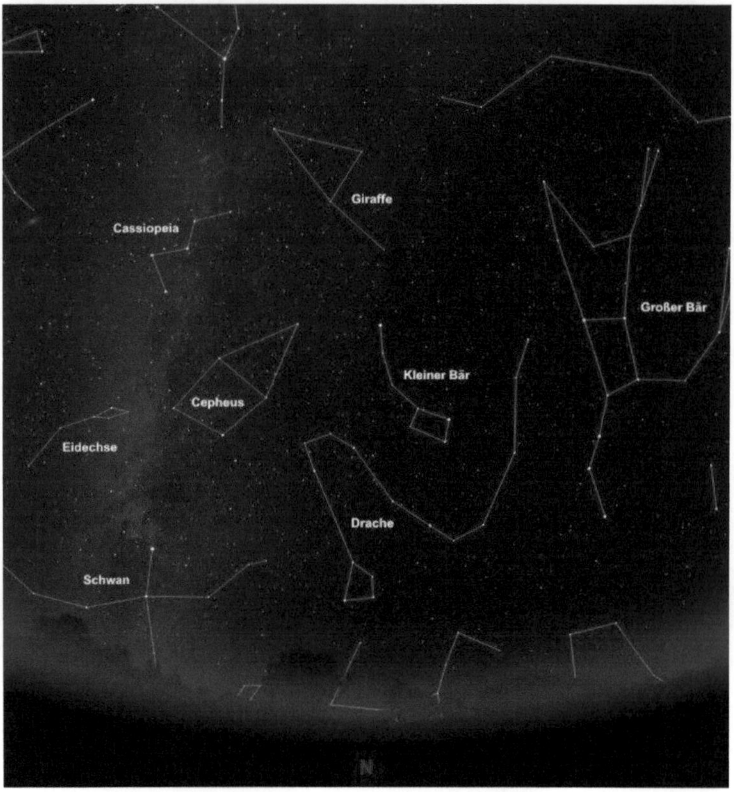

Bild 145: Sternzeichen im Winter mit Blick nach Norden.

Kopfsterne (Augensterne) im Drachen (Draco):

'Eltanin'	Entfernung	154 Lichtjahre	(mag 2.20)
'Rastaban'	Entfernung	380 Lichtjahre	(mag 2.75)

Blick nach Osten im Winter:

Oben = Fuhrmann.

Mitte von links nach rechts = Grosser Bär mit dem Grossen Wagen, Luchs und Zwillinge.

Unten von links nach rechts = Löwe, Krebs und Schlange.

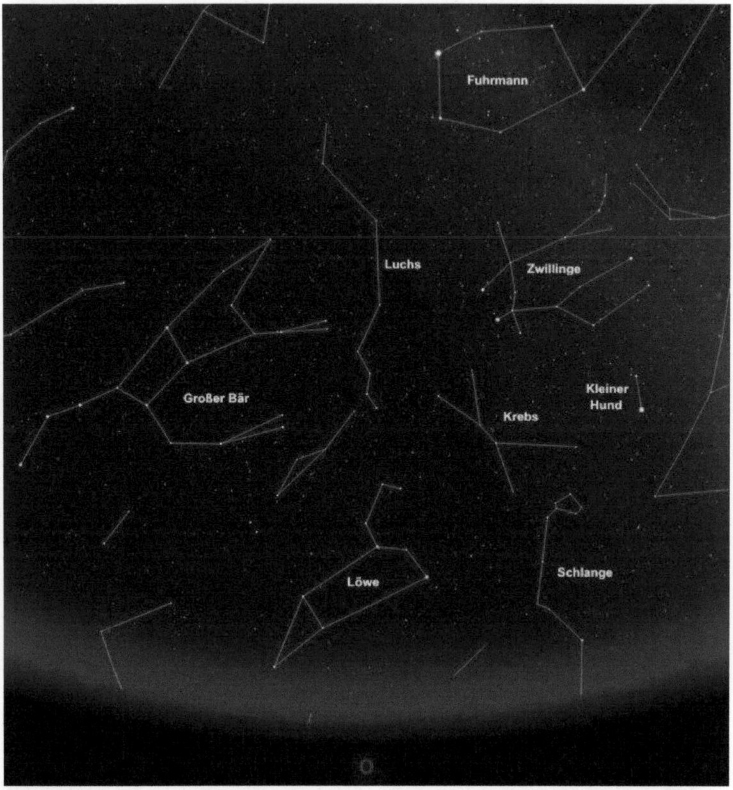

Bild 146: Sternzeichen im Winter mit Blick nach Osten.

Hauptsterne im Fuhrmann (Auriga):

'Capella'	Entfernung	43 Lichtjahre	(mag 0.05)
'Hassaleh'	Entfernung	493 Lichtjahre	(mag 2.65)
'Elnath'	Entfernung	134 Lichtjahre	(mag 1.65)
'Mahasim'	Entfernung	165 Lichtjahre	(mag 2.65)
'Menkalinan'	Entfernung	81 Lichtjahre	(mag 1.90)

Blick nach Süden im Winter:

Oben von links nach rechts = Fuhrmann und Perseus.

Mitte von links nach rechts = Krebs, Zwillinge, Stier und Walfisch.

Unten von links nach rechts = Einhorn, Orion mit dem Orionnebel, Eridanuns und ganz unten Grosser Hund und Hase.

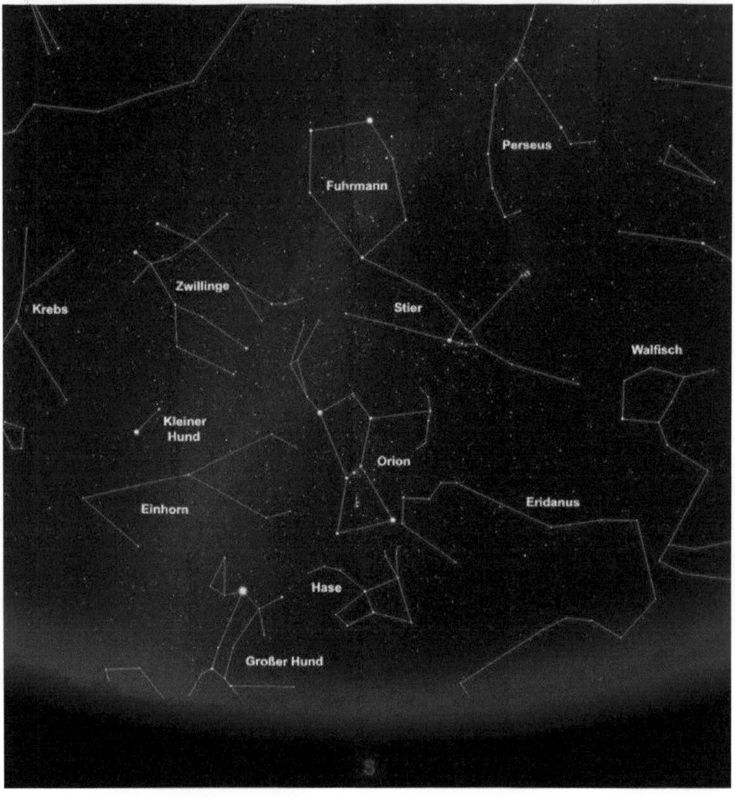

Bild 147: Sternzeichen im Winter mit Blick nach Süden.

Hauptsterne im grossen Hund (Canis Major):

'Sirius' (Hundsstern)	Entfernung 8.6 Lichtjahre (mag -1.45) Doppelsternsystem, wobei Sirius A der absolut hellste Stern am Nachthimmel ist.

Blick nach Westen im Winter:

Oben von links nach rechts = Fuhrmann, Perseus und Giraffe.

Mitte von links nach rechts = Stier, Andromeda, Kassiopeia (Himmels-W) und Cepheus.

Unten von links nach rechts = Walfisch , Fische, Pegasus und Eidechse.

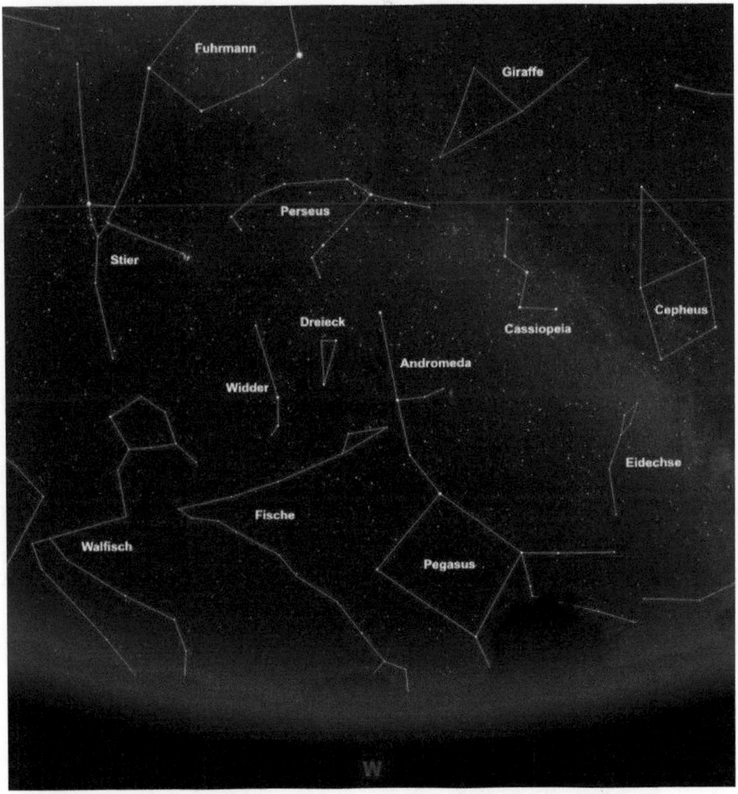

Bild 148: Sternzeichen im Winter mit Blick nach Westen.

Hauptsterne im Perseus:

'Mirfak'	Entfernung	506 Lichtjahre	(mag 1.75)
'Algol'	Entfernung	70 Lichtjahre	(mag 2.05)
'Atik'	Entfernung	751 Lichtjahre	(mag 2.80)

Orientierung am Sternenhimmel

Die Darstellung des aktuellen Nachthimmels kann manuell mit drehbaren Sternkarten gemacht werden, auf welchen sich Standort, Datum und Uhrzeit einstellen lassen.

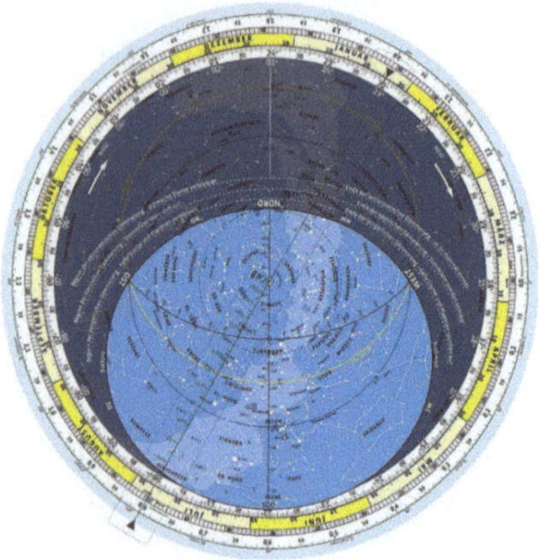

Bild 149: Drehbare Sternenkarte.

Ich verwende an Stelle von solchen Sternenkarten viel lieber das Planetarium-Programm *Stellarium* auf meinem *Netbook*, welches sich auch in einem dunkelrot gefärbten Nachtmodus darstellen lässt. Dadurch blendet es beim Einsatz in der Nacht bedeutend weniger als die drehbaren Sternenkarten, die mit der Taschenlampe beleuchtet werden müssen, um darauf was erkennen zu können.

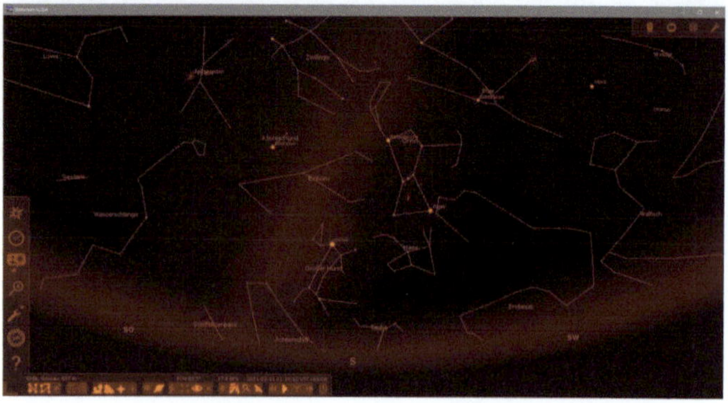

Bild 150: *Stellarium* Sternenkarte im roten Nachtmodus.

Kapitel 20: Wissenswertes

Unser Sonnensystem

Es besteht aus unserer Sonne umkreist von den acht Planeten und jeder Menge 'Kleinzeugs' in der Form von Steinbrocken.

Reihenfolge der Planeten von der Sonne her gesehen:

Merkur, Venus, Erde, Mars, Jupiter, Saturn, Uranus und Neptun.

Planetentypen:

Merkur, Venus, Erde und Mars sind massive Gesteinsplaneten. Jupiter, Saturn, Uranus und Neptun sind Gasplaneten und viel grösser.

Alle diese Planeten kann ich mit meinem 9.25" Spiegelteleskop SC 235 bei guten Bedingungen beobachten.

Pluto:

Der frühere Planet Pluto wurde disqualifiziert und ist nur noch ein Zwergplanet unter einigen anderen wie Ceres und 2003 UB.

Asteroidengürtel:

Zudem befindet sich auf einer Umlaufbahn zwischen Mars und Jupiter der sogenannte Asteroidengürtel, aus welchen die meisten Kleinplaneten stammen.

Unser Sonnensystem in Bildern

Planeten:

Bild 151: Unser Sonnensystem mit den Planeten, die Abstände dazwischen sind nicht proportional.
Bildquelle: DLR = Deutsches Zentrum für Luft und Raumfahrt.

Asteroidengürtel:

Bild 152: Unser Sonnensystem mit dem Asteroidengürtel zwischen Mars und Jupiter als graues Band dargestellt, die Abstände dazwischen sind nicht proportional.
Bildquelle: DLR = Deutsches Zentrum für Luft und Raumfahrt.

Wie schnell, wie weit, wie hell, wie gross, wie heiss?

Wer wollte nicht schon immer einmal wissen, wie weit ein Planet, ein Stern oder eine Galaxie von der Erde entfernt ist, wie hell oder wie gross bzw. massereich das Objekt ist? Welche Temperaturen dort herrschen?

Deshalb habe ich hier einige der wichtigen astronomischen Masseinheiten aufgeführt, von denen der eine oder andere schon gehört oder gelesen hat. Einige Beispiele sollen es möglich machen, sich darunter auch etwas vorstellen zu können.

Lichtgeschwindigkeit:

Als Lichtgeschwindigkeit bezeichnet man die Geschwindigkeit, mit welcher sich das Licht (sichtbar, infrarot, ultraviolett) oder auch Radiowellen im Vakuum des Weltalls ausbreiten.

Auf ihr basiert auch Einsteins Formel zur Äquivalenz von Masse und Energie:

$$\mathbf{E = mc^2}$$

Die Lichtgeschwindigkeit **c** beträgt:

299'792'548 m/s (ca. 300'000 km/s) oder 7x um die Erde in 1s.

Mit der gleichen Geschwindigkeit breiten sich auch die Funksignale im Weltraum aus, welche zur Steuerung und Datenübertragung von Raumsonden und Satelliten nötig sind, oder die zur Beobachtung mit Radioteleskopen benutzt werden. Es gibt nichts im Universum, das sich schneller ausbreitet.

Beispiel: Bemannte Mondlandung

So verzögerte sich die Kommunikation mit den Astronauten auf dem Mond damals um ca. 1.3 Sekunden pro Funkweg. Auf eine Antwort musste man also ca. 3 Sekunden warten.

„Ready to step out?" (21..22..23..) „Copy, yes ready to step out."

Beispiel: Roboter auf dem Mars

Bei der Fernsteuerung eines Marsroboters verzögert sich dessen Reaktion aufgrund des unterschiedlichen Abstandes vom Mars zur Erde (0.372 – 2.683 AE) um 186 bis 1342 Sekunden. Das entspricht 3 bis 22 Minuten! Dabei würde fernsteuern zur absoluten Herausforderung. Das ist der Grund weshalb sich Marssonden autonom gemäss ihrem Programm selbst steuern.

Beispiel: Raumsonden

Das Funksignal einer Raumsonde vom äussersten Planeten Neptun mit einem Abstand zur Erde von etwa 4.5 Milliarden Kilometer (4'476'881'000km) dauert bereits 4.14 Stunden.

2002 wurde Voyager I in über 12 Milliarden Kilometern Entfernung 'fernrepariert'. Eine technische Meisterleistung, wenn man bedenkt, dass dabei etwa 24 Stunden auf eine Antwort gewartet werden musste!

Die Raumsonde Voyager I, welche seit 1977 mit inzwischen zirka 60'000 km/h im All unterwegs ist und unterdessen unser Sonnensystem bereits verlassen hat und sich im interstellaren Raum befindet, hat für die Datenübertragung vom Aussenden bis zur Erde bereits eine Verzögerung von 21 Stunden, da sie inzwischen 22.65 Milliarden Kilometer von der Erde entfernt ist (Stand vom 31. Dezember 2020).

Bild 153: Raumsonde Voyager I.

Helligkeiten (Intensität des Sternenlichtes)

Sterne sind nicht nur unterschiedlich weit entfernt, sie leuchten auch unterschiedlich hell. Das erweckt oft den Eindruck, dass ein sehr heller Stern näher sei als ein weniger heller. Das stimmt aber in vielen Fällen eben nicht. Deshalb hat man unter anderem die Sterne in Helligkeitsklassen eingeteilt.

Die heute verwendete Skala zur Messung der scheinbaren Helligkeit basiert auf den griechischen Astronomen Hipparch (ca. 190 bis 120 v. Chr.) und Ptolemäus (ca. 100 bis 175 n. Chr.), welche die Sterne nach ihrer Helligkeit in sechs Grössenklassen einteilten, nachdem was sie mit blossem Auge wahrnehmen konnten.

Die hellsten Sterne wurden der Grösse EINS zugerechnet, die schwächsten der Grösse SECHS. Später wurde die Skala nach beiden Seiten erweitert, um viel hellere Objekte sowie auch viel schwächere Objekte einordnen zu können (allerdings erst nach dem Aufkommen der Teleskope).

Norman Pogson hat die Helligkeitsskala 1850 logarithmisch definiert, sodass ein Stern der Grösse 1 genau 100 Mal so hell ist wie ein Stern der Grösse 6. Diese Grösse der Helligkeit wird als 'Maximal beobachtete Magnitude' (mag) oder 'Scheinbare Helligkeit' bezeichnet.

Mit meinem eigenen 9.25“ Spiegelteleskop SC 235 lassen sich an einem dunklen Standort durchaus Objekte bis mag 13.7 erkennen bzw. fotografieren. Für das Erfassen (fotografieren von Kleinplaneten ist es demzufolge noch nicht geeignet.

Zum Fotografieren von Kleinplaneten braucht man grössere Teleskope wie zum Beispiel ein SC14 auf der Sternwarte in Gossau SG (Grenzgrösse 15.3 mag) oder sogar ein ganz grosses wie das 90 cm Spiegelteleskop auf der Sternwarte 'Mirasteilas' in Falera GR (Auflösung >17 mag).

Dazu sind auch leistungsstarke Astrokameras wie die SBIG notwendig, wozu aber keine Farbbilder benötigt werden und s/w Bilder durchaus genügen.

Helligkeitsklassen:

Je grösser die Zahl ist (positiv), umso schwächer ist die ausgestrahlte oder reflektierte Helligkeit eines Objektes.

Objekt	**Art**	am hellsten
Sonne	Stern	-26.73 mag
Mond	Satellit	-12.35 mag
Venus	Planet	-4.67 mag
Jupiter	Planet	-2.94 mag
Mars	Planet	-2.91 mag
Merkur	Planet	-1.90 mag
Sirius	Stern	-1.46 mag
Saturn	Planet	-0.47 mag
Wega	Stern	**0.00 mag**
Polarstern	Stern	0.19 mag
Vesta	Asteroid	5.46 mag
Uranus	Planet	6.27 mag
Neptun	Planet	7.77 mag
Pluto	Zwergplanet	13.90 mag
Falera *	Asteroid	15.50 mag
		am dunkelsten

* Der Kleinplanet (Asteroid) mit dem Namen 'Falera' wurde 2009 in der Sternwarte 'Mirasteilas' der AGG in Falera bei Laax GR von José de Queiroz mit einem 90 cm Spiegelteleskop (Brennweite 9000 mm) entdeckt. In der Zwischenzeit wurden dort damit weitere Kleinplaneten entdeckt.

Sternklassifizierungen:

Sterne sind nicht nur in Helligkeitsgrössen eingeteilt, sondern auch in sogenannte Spektralklassen (O bis M) je nach dem Aussehen ihres Lichtspektrums (blau bis rot).

Temperaturen

Im Universum herrschen sehr unterschiedliche Temperaturen von wahrlich höllischer Hitze bis zu unvorstellbarer Kälte. Einige Beispiele sollen das unglaubliche Spektrum dieses Temperaturbereiches aufzeigen. Die absoluten Temperaturen werden in der Regel in °K (Kelvin) und nicht in °C (Celsius) angegeben.

Absoluter Nullpunkt:

0 °K = -273.15 °C = absoluter Nullpunkt *

* Absoluter Nullpunkt bedeutet: Es gibt physikalisch keine tiefere Temperatur im ganzen Universum.

Temperaturänderungen auf Planeten:

Die Temperaturen der sonnennahen Planeten ändern, je nachdem ob ihre Seite der Sonne zugewandt ist oder von ihr abgewandt ist. Die Temperaturen auf der Erde sind dagegen nur kleinen Schwankungen unterworfen, weil die Atmosphäre und die Wolkenbildung eine dämpfende bzw. ausgleichende Wirkung haben und auch die Meere viel Wärme speichern.

Temperaturänderungen in der Erdumlaufbahn:

Auf der Raumstation ISS *** ändern die Aussentemperaturen je nach Sonnenseite oder Schattenseite von +121 °C bis -156 °C.

Deshalb müssen die Raumanzüge für Ausseneinsätze sehr gut isoliert und klimatisiert sein.

Temperatur des Universums:

Die Temperatur im leeren Raum beträgt 2.7 °K oder -270 °C entstanden durch die sogenannte Hintergrundstrahlung als verteilter Rest des Urknalls.

Temperaturvergleiche:

Urknall	Vor dem Beginn von Raum und Zeit	1.416×10^{32} °K	Temperatur des Universums nach 10^{-42} Sekunden (zur Planck-Zeit h)
Urknall	Durchmesser des Universums 10^{-28} cm	10^{32} °K	Temperatur des Universums 10^{-34} Sekunden nach dem Urknall (Grösse ≈ 0)
Urknall	Kernbausteine entstehen (Quarks)	10^{15} °K	Temperatur des Universums nach 10^{-10} Sekunden (0.1 Milliardstel Sekunde)
Urknall	Energie dominiert noch als Strahlung	10^{10} °K	Temperatur des Universums 1 Sekunde nach dem Urknall (10 Milliarden Grad)
R136a1	junger Riesenstern im Tarantelnebel	40000°K	Oberflächentemperatur ca. 7x heisser als unsere Sonne (die wahre Hölle)
Sonne	unsere Sonne	5778 °K	Oberflächentemperatur auf der Sonne + 5305 °C (ein richtiger Atomofen)
Venus	2. Planet in unserem Sonnensystem	737 °K	Mittlere Temperatur +464 °C, Minimum +437 °C, Maximum +497 °C
Erde	3. Planet in unserem Sonnensystem	288 °K	Mittlere Temperatur +15 °C, Minimum -89 °C, Maximum +58 °C
ISS ***	Inernationale Raumstation im Orbit	256 °K	Mittlere Temperatur aussen -17.5 °C, Minimum -156°C , Maximun +121 °C
Mars	4. Planet in unserem Sonnensystem	218 °K	Mittlere Temperatur -55 °C (brrrrrr, bibber), Minimum -133°C , Maximun +27 °C
Jupiter	5. Planet in unserem Sonnensystem	165 °K	Mittlere Temperatur -108°C
Neptun	8. Planet in unserem Sonnensystem	72 °K	Mittlere Temperatur -201 °C
Weltraum	leerer Raum zwischen den Objekten	2.7°K	Hintergrundstrahlung -270 °C, also nahe dem absoluten Nullpunkt von -273.15 °C

Beim Urknall herrschten Temperaturen, die man sich gar nicht vorstellen kann (eine Zahl mit 32 Nullen)!

141'600'000'000'000'000'000'000'000'000'000 °K !!!

141.6 Quintillionen °K pure Energie !!!

Sternzeit

Diese Sternzeit hat genaugenommen nichts mit derjenigen von *Startreck* und 'Raumschiff Enterprise' zu tun, sondern sie basiert wie die normale Zeit auch auf der Erdrotation. Bei der Sternzeit richtet man sich nicht wie bei der Uhrzeit nach einer Erdumdrehung gegenüber der Sonne, sondern einer Erdumdrehung gegenüber dem Sternenhimmel mit seinen Fixsternen (Fixsterne sind Objekte die ihre Positionen innerhalb unserer Zeitmassstäbe gegeneinander nicht verändern).

In den grossen Observatorien wurden früher in der Regel jeweils zwei autonome mechanische Uhrwerke benutzt. Das eine, um die normale Zeit (Sonnenzeit nach Zeitzone) anzuzeigen, und das andere, um die lokale Sternzeit darzustellen, denn diese wird ausschliesslich für astronomische Berechnungen (Astrometrie) und das Ausrichten der Teleskope auf zu betrachtende Objekte verwendet. Damals existierte ja noch kein elektronisches GO-TO System, alles war manuell oder wurde über rein mechanische Antriebssysteme gesteuert.

Unterschiedliche Sternzeiten:

Es gibt wie bei den Uhrzeiten auch verschiedene Sternzeiten. Diese werden im Gegensatz zu den Zeitzonen der Uhrzeiten nicht in Stundenzonen eingeteilt, sondern richten sich genau nach dem Standort des Betrachters. Dabei werden die genauen Koordinaten des Standortes mit der geografischen Länge, bzw. dem Längengrad zur Berechnung benutzt. Für eine genaue Lokale Sternzeitangabe LST muss also der präzise geografische Standort der Sternzeituhr bekannt sein. Nur dann kann die Sternzeit zum direkten Anpeilen von entfernten Objekten am Sternenhimmel an diesem Ort benutzt werden.

Die zu verwendende Sternzeit ist immer eine lokale Zeit am Beobachtungsort (LST = ***L**ocal **S**idereal **T**ime*).

Diese Daten werden auch im *Stellarium* für den aktuellen Ort angezeigt mit Stundenwinkel und Deklination für jedes Objekt.

Prinzip der Sternzeit:

Bei der Sternzeit richtet man sich nicht wie bei der Uhrzeit nach einer Erdumdrehung gegenüber unserer Sonne (synodische Rotation), sondern nach einer Erdumdrehung gegenüber dem Sternenhimmel (siderische Rotation).

Ein Tag (Sonnentag) hat 24 Stunden 00 Minuten 00 Sekunden.

Ein Sternentag hingegen hat, verglichen mit unserer normalen Uhrzeit, nur 23 Stunden 56 Minuten und 4.091 Sekunden.

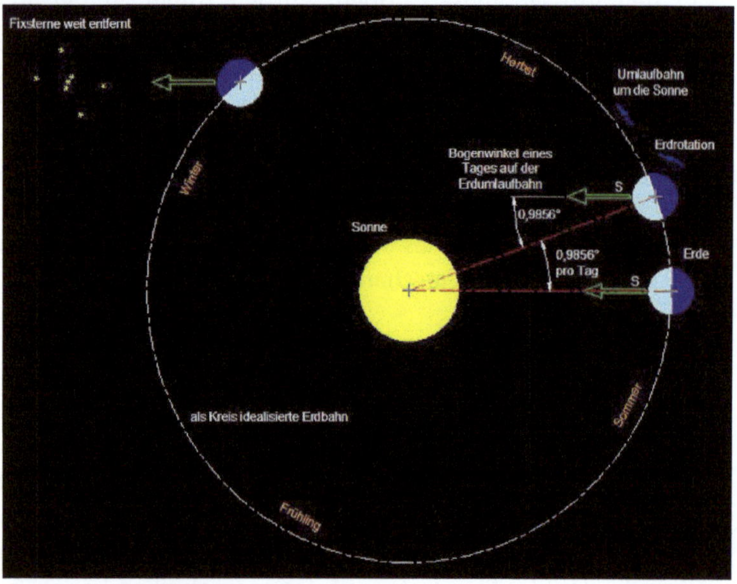

Bild 154: Vergleich zwischen normaler Uhrzeit und Sternzeit. Bildquelle: Sternwarte Crimmitschau, Andreas Kühne.

Berechnung der Sternzeit:

Die Differenz entsteht dadurch, dass sich die Erde gegenüber der Sonne im Prinzip um mehr als 360°, nämlich um genau 360.9856° drehen muss, weil sie ja innerhalb eines Tages auch noch 1/365 einer Sonnenumkreisung zurücklegt basierend auf dem Jahresumlauf von 365 Tagen.

Die Sternzeit hingegen basiert auf einer ganzen Erdumdrehung gegenüber dem Sternenhimmel und beginnt mit 0:00:00h am Frühlingspunkt (Widder-Punkt), wenn die Ekliptik (Bahn der Sonne) den Himmelsäquator kreuzt.

Die örtliche Sternzeit Θ ist demzufolge die Änderung des Stundenwinkels an einem bestimmten Ort (nach Längengrad) gegenüber dem Frühlingspunkt auf dem Himmelsäquator.

Die Sternzeit einer ganzen Erdumdrehung wird ebenfalls in 24 Stunden (Sternstunden) eingeteilt.

12 Stunden nach Sternzeit sind vergangen, wenn die Ekliptik zum zweiten Mal den Himmelsäquator kreuzt, das wird auch Herbstpunkt genannt.

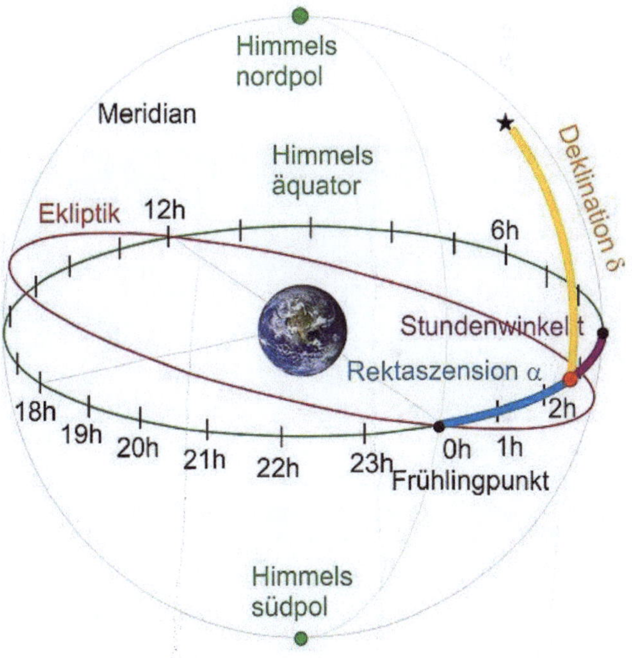

Bild 155: Astronomische Zeitmessung.
Bildquelle: Astrodicticum Simplex von Florian Freistetter

Die genaue Position eines Objektes wird definiert durch die Rektaszension **α** (ab Frühlingspunkt) und die Deklination **δ**.

Sternzeituhren

Auf dem *Internet* werden verschiedene Programme für Sternzeituhren zum Gratis-Download angeboten. Leider sind nicht alle diese Programme korrekt in der Zeitbrechung oder sie lassen eine genaue Positionsangabe nicht zu. Diese ist aber unumgänglich für eine genaue Berechnung der lokalen Sternzeit (LST = *Local **S**idereal **T**ime*).

PC-Sternzeituhr zum *Download* (für *off line* Betrieb):

Beispiel: *Sternzeituhr 2.1*

Präzise Berechnung der lokalen Sternzeit, Sprache Deutsch, mit empfehlenswerten Objekten nach Jahreszeiten, Standorteingabe editierbar und erweiterbar, mit Nachtmodus (Rotlicht), sowie dem Stundenwinkel auf der Rektaszensionsachse für Objekte. Stundenwinkel τ = örtliche Sternzeit Θ - Rektaszension α.

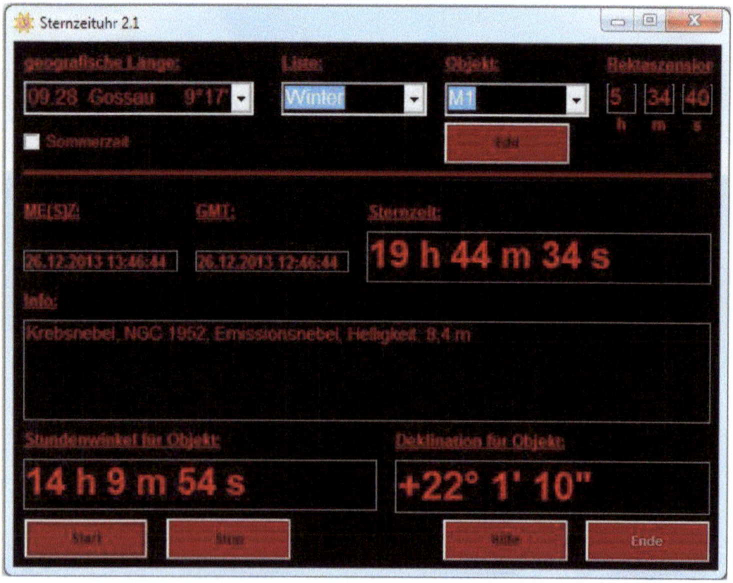

Bild 156: Sternzeituhr auf PC mit Programm *Sternzeituhr 2.1.*

ACHTUNG: Es benötigt allerdings relativ viel Rechenleistung. Das Programm kann aber angehalten werden.

Kapitel 21: Zeitreisen

Der Blick zurück

Ganz egal welches Objekt wir am Nachthimmel betrachten, es ist immer ein Blick zurück in der Zeit, also ein Blick in die Vergangenheit.

Das Bild, das wir von diesem Objekt sehen, ist sein Zustand zu der Zeit, als sein Licht, welches jetzt unsere Augen oder unsere Kameras erreicht, von diesem Objekt ausgesandt wurde.

Das tönt im ersten Moment etwas kompliziert, ist aber relativ einfach zu erklären, wenn wir uns der Lichtgeschwindigkeit bewusst werden (c = ca. 300'000 km/s).

Licht ist eine wellenförmige Strahlung, die sich mit einer konstanten Geschwindigkeit (Lichtgeschwindigkeit) ausbreitet.

Selbst wenn wir eine Person in nur 3 m Entfernung betrachten, sehen wir sie in der Vergangenheit, allerdings in einer extrem kurzen von nur 10 ns = 0.00000001 Sekunden. Das ist die Zeit, die das Licht oder besser gesagt das Bild von dieser Person braucht, bis es unsere Augen erreicht.

Bei weiter entfernten Objekten wird die Zeit entsprechend proportional länger.

Die Zeit, die unser Hirn zusätzlich benötigt, um dieses Bild zu erkennen oder zu verarbeiten, ist bedeutend länger, nämlich etwa 7 bis 13 Bilder pro Sekunde. Das entspricht in etwa 0.07 s bis 0.3 s. Deshalb hat ein Film 24 Bilder/Sekunde damit wir keine Einzelbilder erkennen.

Milchstrasse:

Bis zum Zentrum unserer Milchstrasse ist es eine Entfernung von ca. 8300 pc (Parsec) oder 3.09 x 10^{16} Meter oder anders ausgedrückt 27'070 Lichtjahre. Das Licht aus dem Zentrum unserer eigenen Galaxie der Milchstrasse braucht demzufolge über 27'000 Jahre, um bis zur Erde zu gelangen.

Nachbargalaxie:

Bis zu unserer nächsten Nachbargalaxie Andromeda sind es dann schon 2.4–2.7 Millionen Lichtjahre. Das bedeutet, so wie wir die Andromeda Galaxie im Teleskop sehen, hat sie vor ungefähr 2.5 Millionen Jahren ausgesehen, denn solange hat das Licht von dort zur Erde gebraucht. Aber die Andromeda Galaxie kommt immer näher allerdings sehr langsam. Das lässt sich durch eine Blauverschiebung ihres Lichts messen.

Das Ende der 'Fahnenstange':

Das am weitesten entfernte uralte Objekt, welches das *Hubble* Weltraumteleskop bis heute entdeckte, befindet sich in einer Entfernung von ca. 13.5 Milliarden Lichtjahren. Sein Bild ist demzufolge 13.5 Milliarden Jahre alt. Der Urknall als Anfang von Raum und Zeit fand gemäss heutigen Erkenntnissen vor 13.8 Milliarden Jahren statt.

Das absolute Ausmass:

Die geschätzte Grösse des Universums, die Ausdehnung seit dem Urknall berücksichtigt, beträgt ca. 78 Milliarden Lichtjahre oder 737'936'976'861'240'000'000'000 km !!

Es dehnt sich immer weiter aus und diese Ausdehnung wird sogar immer schneller. Für diese sich immer noch mehr beschleunigende Ausdehnung des ganzen Universums machen Forscher heute die 'dunkle Energie' (*dark energy*) verantwortlich.

Masseinheiten für Distanzen (Entfernungen)

Lichtjahr: **(Lj)**	Entfernung welche das Licht in einem Jahr zurücklegt bei der Lichtgeschwindigkeit von 299 792 548 m/s (ca. 300 000 km/s)	**9.460.730.472.580,8 km** **≈ 9,5 Billionen km**	Bis zu unserem nächsten Stern: Proxima Centauri	4.24	**Lj**
Lichtstunde: **(Lh)**	Entfernung welche das Licht in einer Stunde zurücklegt	**1 079 252 848,8 km** **≈ 1 Milliade km**	Bis zum Planeten Neptun: äusserster Planet im Sonnensystem	4.17	**Lh**
Lichtminute: **(Lm)**	Entfernung welche das Licht in einer Minute zurücklegt	**17 987 547,48 km** **≈ 18.000.000 km**	Bis zu unserer Sonne:	8.3	**Lm**
Lichtsekunde: **(Ls)**	Entfernung welche das Licht in einer Sekunde zurücklegt	**299 792,458 km** **≈ 300.000 km**	Bis zu unserem Mond:	1.3	**Ls**
Astronomische Einheit: (AE)	Mittlere Entfernung vom Mittelpunkt der Erde bis zum Mittelpunkt unserer Sonne	**149 597 870 700 m** **≈ 150 000 000 km**	Bis zu unserer Sonne:	1.0	**AE**
Parsec: (pc) für sehr grosse Distanzen	Abkürzung für „**par**allax **sec**ond" Entfernung, aus dem der mittlere Abstand der Erde zur Sonne unter einem Winkel von einer Bogensekunde (arcsec = 1" = 1°/3600) als Parallaxe erscheint.	**$3.08567758 \times 10^{16}$ m** **= 30.857 Petameter** **≈ 30 Billionen km**	Bis zu unserem nächsten Stern: Proxima Centauri	1.3	**pc**

Expansion (Ausdehnung):

Rotverschiebung:

Um die Ausdehnung des Universums zu messen, bedient man sich der Rotverschiebung des Wasserstoffspektrums innerhalb des Lichtspektrums. Diese entsteht ähnlich wie das Absenken eines bestimmten Tons oder eines Radarsignals (Wellenlänge) beim Dopplereffekt. Entfernt sich ein Objekt, das Wellenlängen in der Form von Licht, Radiowellen oder Tönen aussendet, so erscheinen diese leicht tiefer, was bedeutet die Wellenlänge wird grösser. Bei Licht erscheint das dementsprechend röter.

Ausschnitt aus dem Spektrum des sichtbaren Lichts:

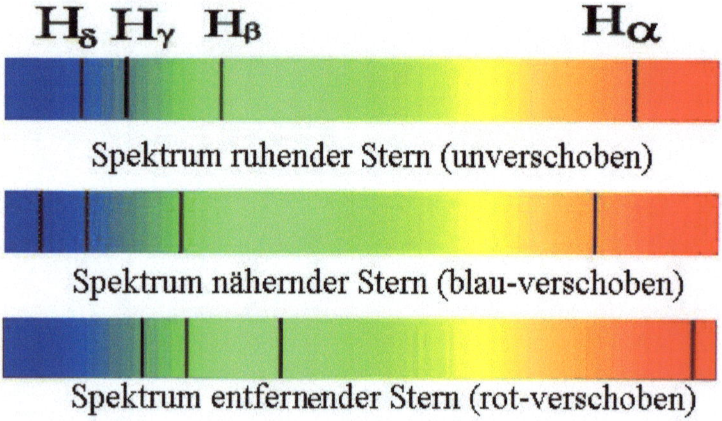

Bild 157: Spektren mit Blauverschiebung und Rotverschiebung.

Für diese Messung im sichtbaren Lichtspektrum werden die Spektrallinien des Wasserstoffs verwendet (H-alpha, H-beta, H-gamma und H-delta).

Damit lässt sich feststellen, dass sich alle Galaxien mit der Ausnahme von Andromeda von uns entfernen, weil sich das Universum immer weiter ausdehnt (Rotverschiebung).

Andromeda und Milchstrasse kommen sich immer näher, weil sie sich wegen der Gravitation gegenseitig anziehen.

Anhang 1: PC Unterstützung

Dokumente herunterladen

Für den Austausch grosser Dokumente und Dateien habe ich eine Möglichkeit geschaffen, diese von meinem FTP-Server direkt herunterzuladen.

Einfach auf meiner eigenen Homepage diesen Link anklicken: https://www.robani.ch/Wissenswertes.htm

Dort auf den Link 'Dokumente herunterladen' klicken und nachlesen, was es Neues zum Herunterladen gibt.

Oder im *Internet* direkt den direkten Link aufrufen: https://www.robani.ch/Dokumente.htm

Das soll Astronomiefreunden dazu dienen, auf alle meine veröffentlichen Dokumente und Dateien zugreifen zu können, um diese für ihre eigenen Zwecke zu nutzen. Sollte jemand innerhalb dieser Dokumente Urheberrechte geltend machen, so soll er sich bitte mit mir via meine E-Mail-Adresse umgehend in Verbindung setzen (astronomie@robani.ch), damit ich solche Dokumente sofort wieder vom FTP-Server entfernen kann, oder gegebenenfalls nachträglich den Urheber benennen kann.

Es können verschiedene Dokumente heruntergeladen werden:

ObjektlisteRB.xls (jahreszeitlich interessante Objekte)
Sternenklassifizierung.pdf
Nebelklassifizierung.pdf
Sternhaufenklassifizierung.pdf
Galaxienklassifizierung.pdf

Nützliche PC Programme für Hobby-Astronomen

Stellarium

Planetarium-Programm *Stellarium* zur Darstellung am PC von astronomischen Objekten mit sämtlichen Angaben dazu wie:

Helligkeit, Rektaszension, Stundenwinkel, Deklination, Azimut und Höhe, Sternzeit, Aufgang, Untergang, Entfernung, usw. Das alles zum aktuellen oder einem beliebigen Zeitpunkt.

Deutsche Version verfügbar.

Download: https://stellarium.org/de/

Polsuche

Polsuche2: Präzise Berechnung, Julianisches Datum, Lokale Sternzeit, Sprache Englisch, mit Koordinateneingabe für Standort, Polsucherfunktion für eine erleichterte Ausrichtung des Teleskops auf den Himmelsnordpol.

Download: https://www.astro-images.de/polsuche2/

Sternzeit

Genaue Berechnung der lokalen Sternzeit nach Standort.

Download: https://www.sternwartedahlewitz.de/sternzeit.htm

Autoguiding

Autoguiding Software PHD von Stark Labs.

Download: http://www.stark-labs.com/downloads.html

Die oben aufgeführten Programme können alle kostenlos vom *Internet* heruntergeladen werden (Stand Februar 2021).

Glossar: Begriffserklärungen

Begriff	**Erklärung**
Adaptive Optik	geregelte Optik zur Kompensation von Fehlern
AE	**A**stronomische **E**inheit, Distanz Erde zur Sonne
Alignment	Kalibrierung des Teleskops auf ein Objekt
Andromeda	Nachbargalaxie unserer Galaxie 'Milchstrasse'
App	Kürzel für **App**likation, Programm für *Handys*
ASA	Masseinheit für die Lichtempfindlichkeit
Astronomie	Wissenschaft von den Gestirnen
Auflagemass	Distanz vom Gewindeende bis zum CCD-*Chip*
Autofokus	Automatische Fokussierung (via Bildauswertung)
Autoguiding	automatische Nachführung nach einem Stern
azimutal	sich um den Horizont drehend (Montierungsart)
äquatorial	sich um den Äquator drehend (Montierungsart)
Barlow-Linse	zusätzliche Bildvergrösserung 2x, 3x oder 4x
Bias-Frame	Referenzbild, kompensiert A/D-Rauschen
Bildfeldebnung	Bildkorrektur für grosse CCD-Sensoren
Binokular	grosser astronomischer 'Feldstecher'
Blauverschiebung	Spektrallinienverschiebung bei näher kommen
Brennweite	Länge des Strahlengangs zur Vergrösserung
CCD-Sensor	digitaler Bildsensor (*Charge Coupled Device Sensor*)
CCD-Kamera	digitale Kamera mit CCD-Sensor
Chromosphäre	Gasschicht in der Atmosphäre der Sonne
ClickLock	Fassung für Okulare mit Drehverriegelung
CPWI	PC-Teleskopsoftware (*Celestron,Plane Wave Inst.*)
Cursortasten	Tasten zur Positionierung
Dark-Frame	Referenzbild, kompensiert thermisches Rauschen
Deep-Sky Fotografie	Fotografie weit entfernter Objekte
Deklination	Winkel eines Objektes über dem Himmelsäquator
Deklinationsachse	DA Achse 90° zur Rektaszensionsachse
Demonstrator	Person, welche astronomische Führungen macht
Download	Herunterladen vom *Internet*
Dual-Chip-Kamera	Astronomie-Kamera mit integrierter Leitkamera
Ekliptik	Sonnenbahn, Neigung zur Erdachse 23.43652°
Elektrolumineszenz	Leuchteffekt in Material durch Wechselfelder
Fadenkreuzokular	Okular zur Zentrierung des Bildes (für Kamera)

Begriff	**Erklärung**
Feintrieb	präzise Verstellung mittels Feingewinde
Filament	Fadenförmige Protuberanz vor Sonnenscheibe
First Light	erste voll funktionierende Inbetriebnahme
Fixstern	heller Stern, wird zur Kalibrierung verwendet
Flat-Field Generator	Lichtquelle für homogenes weisses Licht
Flat-Frame	Referenzbild, kompensiert *Pixel*-Empfindlichkeit
Flatner	Linse zur Bildfeldebnung, Anpassung an CCD
Focal Reducer	Linse zur Brennweitenverkürzung
Fokussierung	Vorrichtung zur Einstellung der Schärfe
Fokusversatz	Fokusfehler zwischen zwei Kameras
Fusionsprozess	Umwandlung von Atomen unter Druck
Galaxie	gravitationsgebundene Ansammlung von Sternen
GMT	Referenzzeit, Zeitzone 0 (*Greenwich **Mean** Time*)
GO-TO	vollautomatische Nachführung bei Teleskopen
GPS-Empfänger	Satellitenempfänger zur Positionsbestimmung
Gravitation	Anziehungskraft zwischen Massen
Guiding	Führung, Nachführung
Handheld-Terminal	Handbedienungsgerät
H-alpha Licht	Licht mit der Wellenlänge von Wasserstoff
Helium (He)	Element (2 Protonen, 2 Neutronen, 2 Elektronen)
Himmelsnordpol	Punkt zu dem die Erdachse hinzeigt
Homepage	Präsentationsplattforn im *Internet*
Hubble	amerikanischer Astronom, Physiker, (†1953)
Hubble-Teleskop	Weltraumteleskop HST (Umlaufbahn h = 550 km)
Indexmarken	Markierungen für die Grundeinstellung
Interface	Schnittstelle (elektrische Verbindung für Daten)
Inverter	Spannungsumwandler mit DC Versorgung
Klemmung	mechanische Arretierung der Teleskopachsen
Kontraktion	das Zusammenziehen von Materie
Kreuz-Libelle	kleine zwei Achsen Wasserwaage
Kugelsternhaufen	kugelförmige Ansammlung von vielen Sternen
Kuppel	drehbare halbkugelförmige Abdeckung
Leitrohrschelle	Montagevorrichtung für Leitteleskop
Libelle	runde Wasserwaage (zwei Achsen Ausrichtung)
Lichtgeschwindigkeit	Ausbreitungsgeschwindigkeit von Licht
Lichtspektrum	Farbspektrum des Lichtes
Lichtverschmutzung	störendes Licht bei der Beobachtung

Begriff	Erklärung
LST	ortsgebundene Sternzeit (*Local Sidereal Time)*
Luftdruck-*Tuning*	Justierung mittels Luftdruckkammern
Maksutow	russischer Optiker (†1964)
Maksutow-Teleskop	Spiegelteleskop mit Einblick hinten
Messier Objekt	Objekt aus Messier-Katalog (Astronom †1817)
MEZ	**M**ittel-**E**uropäische **Z**eit, Zeitzone +1, unsere Zeit
Mond	Trabant, ein einen Planeten umkreisender Körper
Montierung	Montage- und Nachführvorrichtung für Teleskop
Motorfokus	Scharfstellung mittels Elektromotorantrieb
MPC	*Minor Planet Center,* sammelt Kleinplanetendaten
Nanometer (nm)	Milliardstel-Meter = 0.000'000'001 m
Nebel	nebelartige Gebilde aus Staub- und Gaswolken
Newton	englischer Naturforscher, Astronom (†1727)
Newton Teleskop	Spiegelteleskop nach Newton (Einblick seitlich)
Nukleosynthese	Bildung neuer Elemente in 'Roten Riesen'
OAG	Abkürzung für *Off Axis Guider*
Off Axis Guider	optischer Abzweiger für den Nachführstern
Okular	augenseitige Linse
Parsec (pc)	Masseinheit für sehr grosse Distanzen
Pixel	Bildpunkt bei Digitalkameras und Monitoren
Planet	nicht selbst leuchtender, grosser Himmelskörper
Planetarium	Kuppel (Halbkugel) zur Projektion des Himmels
Polarstern	Stern nahe beim Himmelsnordpol
Polhöhe	Winkel zum Himmelsnordpol (beim Polarstern)
Polsucher	kleines Fernrohr mit Fadenkreuz und Polmarke
Power Bank	Akku-Stromversorgung 12VDC, 5VDC, 230VAC
PowerBox (II)	Akku-Stromversorgung 12VDC, 230VAC Option
Protuberanz	heftiger bogenförmiger Ausbruch auf der Sonne
Refraktor	Teleskop mit Linsen
Rektaszension	Winkel eines Objektes auf dem Himmelsäquator
Rektaszensionsachse	RA Achse zur zeitgerechten Nachführung
RGB	Rot, Grün, Blau, Begriff für Farbdarstellung
Rotverschiebung	Spektrallinienverschiebung bei sich entfernen
RS232	serielle Computer-Schnittstelle (alte Version)
RTC	elektronische Echtzeituhr (*Real Time Clock)*
Schmidt-Cassegrain	Spiegelteleskop mit Einblick hinten
Schwalbenschwanz	präzise parallel geführte Befestigungsmethode

Begriff	Erklärung
Seeing	Angabe zur Qualität der Sicht
SkyPortal	WLAN-Adapter für Celestron Montierungen
Sonnenteleskop	Teleskop zur gefahrlosen Sonnenbeobachtung
Space Shuttle	Raumfähre der NASA für Erdumlaufbahnen
Spiegelteleskop	Teleskop mit Spiegeln statt Linsen
Spektrallinie	Marker im Spektrum der Wellenlänge des Lichts
Spektralklasse	Klassifizierung von Sternen nach Lichtspektrum
Stacking	Stapeln von Bildserien mit PC-Programm
Stellarium	PC-Programm, Planetarium zur Simulation
Stern	Sonne, selbstleuchtender Himmelkörper
Sternbezeichnung	Name ('Vega') oder HIP, SAO, HD, HR, WDS Nr.
Sternhaufen	haufenförmige Ansammlung von Sternen
Stundenwinkel	Winkel eines Objekts auf Zeitachse am Standort.
Subframing	Reduktion des Bildausschnitts bei CCD-Kameras
Sucherteleskop	Sucherfernrohr mit Fadenkreuz am Teleskop
T2	Tamron Gewinde M42x0.75
tangential	am Kreisumfang eingreifend
Target	Ziel, gewähltes Objekt
Taukappe	rohrförmige Verlängerung zum Schutz vor Tau
terrestrisch	auf die Erde bezogen
Tubus	rohrförmiger Körper
Universum	Weltall, alles was seit dem Urknall existiert
Urknall	Entstehungszeitpunkt des Universums
USB	Moderne Datenschnittstelle (*__U__niversal __S__erial __B__us*)
USB/RS232	Konverter, wandelt USB in RS2323 Signale um
USB3.0 *Hub*	Verteiler für USB3.0 Schnittstellen
Wasserstoff (H)	1. Element im Universum (1 Proton, 1 Elektron)
Wellenlänge	Abstand der Schwingungen (z. B. bei Licht)
Weltraumteleskop	Teleskop in einer Umlaufbahn um die Erde
Wide-Field	mit grossem Sichtwinkel
WLAN	Daten via Funk (*__W__ireless __L__ocal __A__rea __N__etwork*)
WiFi	Zertifizierte Funknetzwerke (*__Wi__reless __Fi__delity*)
WiringBox(II)	Zentrale Kabelverteilung für Teleskope usw.
Zeitachse	Drehpunkt zur zeitgerechten Nachführung
Zenit	höchster Punkt des Himmelsgewölbes (90° oben)
Zenitspiegel	90° Umlenkspiegel für Okulare
Zoom	Vergrösserung, Vergrösserungsfaktor